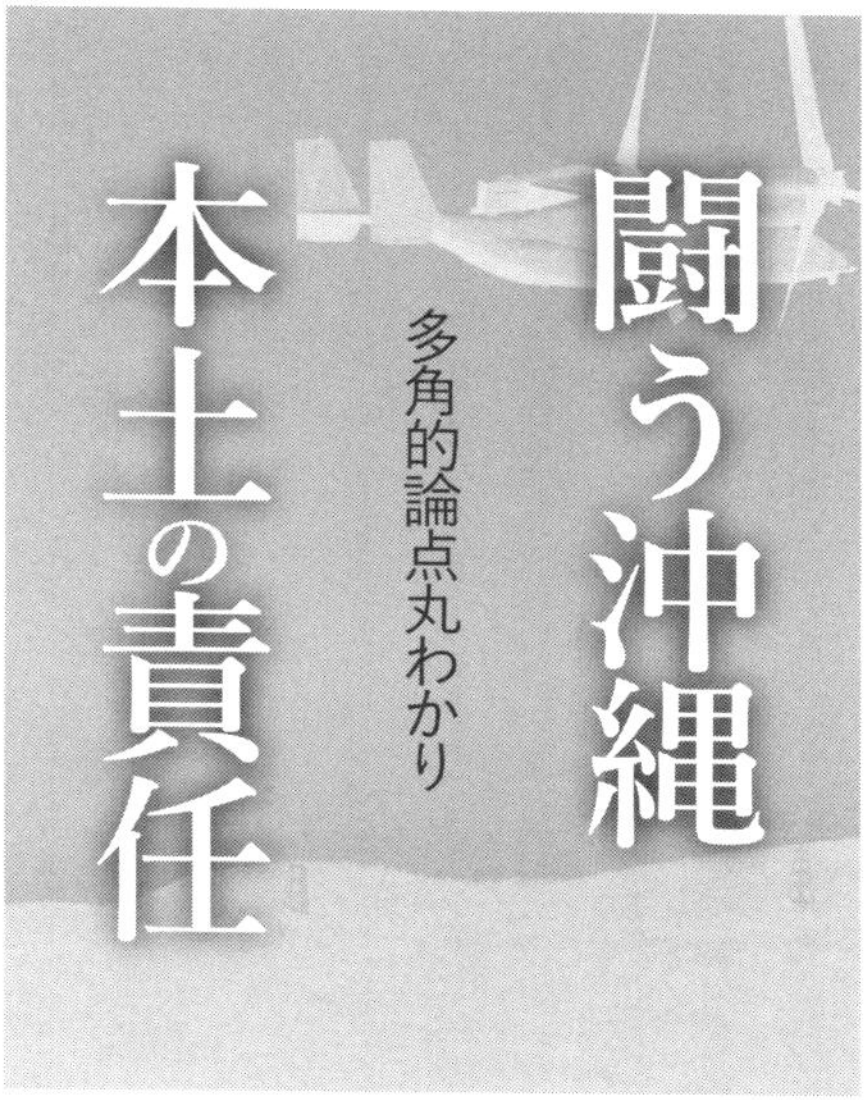

土岐直彦

かもがわ出版

はじめに――本土の責任とは何か

沖縄戦の旧日本軍の戦闘が終わったとされる6月23日の「慰霊の日」。73年目となる2018年のこの日正午過ぎ、糸満市摩文仁《まぶに》の平和祈念公園で開かれた沖縄全戦没者追悼式で、翁長雄志《おながたけし》知事が「平和宣言」に立った。日本の国土面積の0・6%に過ぎない沖縄に、米軍専用施設面積の70・3%が集中。県民は広大な米軍基地から派生する事件・事故、騒音をはじめとする環境問題に苦しみ、悩まされ続ける現状を訴えた後、こう述べた。「沖縄の米軍基地問題は、日本全体の安全保障の問題であり、国民全体で負担すべきものであります」。膵がん手術後の身だが、強い意志が見てとれた。

多数の国民が支持する日米安保条約による「日本の平和」は沖縄の犠牲の上に成り立っている。だから「日本全体の問題」ということだ。だが、多くの国民は「見て見ぬ」ふりをしたり、他人事のように「これまで通り沖縄で」と思ったりしていないか、との問いかけが込められた。政府と政治家に向けても同様だ。

「沖縄は米軍基地で食っている」。だから我慢しろといった程度の認識しかない政治家も少なくない。無知、無関心も甚だしい。沖縄経済の基地依存度は今や5%ほどに過ぎず、「基地は沖縄発展の阻害要因」と翁長知事は繰り返す。

沖縄で多くを占める米海兵隊も元はといえば、1950年代、本土の反基地運動の高まりから移駐してきたのだ。自分の街の上空を戦闘機やオスプレイが飛ぶのを想像すると恐ろしい。沖縄はそれが日常としてある。

「辺野古新基地ノー」が大多数の沖縄の民意だ。沖縄は敗戦後、米軍に土地を接収されて基地化されたが、「新基地建設を認めたことは一度もない」（翁長知事）のである。「アジアの緊張緩和の流れにも逆行している」とも平和宣言は続けられた。政府は本土の基地問題では地元の声を聞きながら、沖縄の民意を無視するのは不正義だ。

本書のタイトルは「闘う沖縄　本土の責任」とした。沖縄は薩摩藩に侵略され、明治の日本に併合され、米軍政下に生かされ、闘わざるを得なかった長い歴史がある。

本文では、沖縄が直面する諸問題を網羅しつつ論じ、ルポ。本土で「基地を引き取る」運動が全国に広がっていることも紹介している。筆者は元朝日新聞記者で、時事性も失わない内容にしたつもりだ。日本政府、米国の戦略とも絡めながら書き、沖縄が置かれた現状の理解により役立てば幸いである。

闘う沖縄　本土の責任

多角的論点丸わかり

もくじ

装　丁　　守分美佳
カバー写真　山城博明（報道カメラマン）

序章　琉球王国小史

沖縄は中世から近世にかけて、「琉球王国」だったことをどれだけの人が知っているだろうか。その王国を廃絶したのが、帝国主義を身にまとおうとしていた明治期の日本国だったことを。

筆者がアジアの交易国家だった琉球を認識したのは20年ほど前、高良倉吉の『アジアのなかの琉球王国』（吉川弘文館、１９９８年）を手にしてからである。アジア各地を交易船が行き交う光景に思いをはせたことを覚えている。そこは、国家の敷居はなだらかな「交流の海」だった。その海を少したどってみる。

弥生時代から古墳時代、琉球列島はサンゴ礁の貝を天然資源に、東アジア地域との交易が盛んだった。奄美諸島以南の海でしか採れない巻貝のゴウホラやイモガイ。特に九州の権力者の間で珍重され、男性はゴウホラを腕輪にし、女性はイモガイを腕輪にした。南海産の貝の渦巻きに霊力を感じ、身に着けることで霊力が宿ると信じたのである。

本土・ヤマトと発展段階が異なる琉球列島の時代区分は、この時期「貝塚時代」。九州との交易ルートを「貝の道」とも呼ぶ。貝塚人は貝を粗加工して出荷、それが九州で腕輪に加工され朝鮮や遠く北海道にも運ばれた。

7～8世紀になると新たにヤコウガイが主流となり、交易システムも進化する。殻を薄く研いで漆芸品の螺鈿《らでん》材料に。天皇家や寺社の祭器にも利用された。交易は中国にも広がり、唐代には螺鈿材料として琉球産が調達され、その見返りに唐の貨幣・開元通宝がもたらされた。

ヤコウガイの加工作業をした大規模な遺跡が出土。ヤコウガイ交易による経済活動を基礎にした社会が成立していた。やがて、地方豪族(按司《あじ》)たちが「グスク」、つまり城塞を多数建造して統治する「グスク時代」を迎える。本土では平安～鎌倉時代に相当する。

グスク時代には、奄美諸島、沖縄諸島、宮古・八重山諸島が一体となった琉球文化圏が成立していく。島々では麦や稲作、牛の飼育などが行われ農業集落が爆発的に拡大、地域共同体が各地に形成された。高度な窯業生産や鉄器生産もみられた。

東シナ海をまたいで、中国大陸との間でヒトとモノの交流が活発になったのもこの時代。グスク跡からは13～15世紀の中国製陶磁器が大量に出土、東南アジアの陶器も見つかっている。朝鮮との交易もあった。中国、日本、朝鮮、東南アジアと交易する中継地として栄えた。後の交易国家・琉球王国の原型だ。

グスク同士の抗争を経て、14世紀、中山《ちゅうざん》、山南《さんなん》、山北《さんほく》という三つの小王国が成立。1372年、明王朝（1368年成立）の求めに応じて、まず中山国が朝貢貿易関係を結ぶ、山南国、山北国も続き、中国との500年に及ぶ関係が始まった。明王朝は琉球内3国の抗争をやめるよう諭してもいる。

国際的な朝貢貿易体制に組み入れられた琉球、国家成立の条件が整っていく。1429年、南部の佐敷按司に過ぎなかった尚巴志《しょうはし》が勢力を拡大させ、三山を武力統一。首里を王都とする琉球王国が誕生するに至った。

明（清）朝による「冊封《さくほう》体制」は、明を盟主とし周辺諸国を臣下として中国皇帝に進貢する儀礼秩序の構築。国内的には海外渡航を禁止する海禁政策をとり、進貢国のみに交易を許可した。進貢国はそこに利点があった。琉球国王を任命するため首里城に向かう清朝の冊封使一行、220人もの行列が「冊封氏行列図」（18世紀）に描かれている。

明朝の文書『大明会典』には、進貢品が記されている。馬を筆頭に、刀、瑪瑙《めのう》、螺殻《らかく》、胡椒、硫黄など25品目が定められた。地元産が原則だが、日本産は8品目程度で、残りは交易で仕入れたことになる。当時琉球では大量の馬を飼育、軍馬として明朝に重宝された。

中国皇帝からのお返しに下賜される品々は進貢品を大きく上回る貿易形態だ。進貢に使う大型ジャンク船（長さ40メートル、乗組員200人）も初期には与えられていた。琉球王国は朝貢国の中での席次は朝鮮に次ぐ扱い。明代270年間の進貢回数は、アジア各国の中でもダントツの171回で、2番目の安南（ベトナム）の倍近い優遇ぶりだった。

琉球王国は東アジアの中心に位置、地理上の優位性を中継貿易に活かした。諸国から運ばれた物産を各地に再販売し、多大の利益を得て栄えた。日本からは刀剣や扇、中国からは磁器や絹織物、東南アジアからは胡椒、蘇木（生薬の一つ）、沈香《じんこう》（香木の一つ）、錫、珍禽類など多数。明国の買い上げ価格は仕入れ価格の数百倍以上だったとの試算もある。この時代は琉球の大交易時代と呼ばれる。

中国は明国から清国へ。琉球からの進貢船は明・清時代の累計は約８５０隻、乗船者総数約9万5千人にのぼるとの推計もある。東南アジアとの交易はパレンバン、ジャワ、マラッカなど8カ国を相手に、15~16世紀にわたる。琉球は自前で貿易船を建造するようになった。

那覇市の沖縄県立歴史博物館・美術館。重厚な「万国津梁《しんりょう》の鐘」（高さ１５５センチ、口径94センチ）が琉球王国の往時を偲ばせる。交易が最高潮に達した頃の１４５８年の鋳造で、首里城正殿にかけられていた。交易国家として、国々の「架け橋」となる平和的交流の理念と自負を示す銘文が刻まれている。

漢文の一節を現代文に訳すと、「わが琉球は南海の好立地にあり、朝鮮（三韓）の文化に学び、中国（大明）とは不可分の関係で、日本（日域）とは近しい間柄にある。それらの国々の間にあって、海から湧き出た蓬萊島のような島。貿易船を操って世界の架け橋の役割を果たしている」。そして、異国の産物や貴重な品々が国中に満ちあふれていると記す。国指定重要文化財、県民が誇る先人の銘文だ。

この時期、琉球王国は明国との進貢貿易を基軸に、東南アジアの物資を日本国や朝鮮国に運ぶ中継貿易を担っていた。中国、朝鮮、日本との親密な関係を保ち、その交流が国を守っていたのである。だが、王国は暗転。１６０９年、薩摩・島津氏が琉球に攻め入った。途絶えていた日明貿易を琉球の仲介で打開することなどを背景に、徳川幕府が容認した侵攻だった。薩摩藩は年貢の徴収権、対外貿易権を掌握。近世琉球国は中国と日本に「両属」し、対中国関係（朝貢）と対日本関係（薩摩藩支配）とのバランスをとることを迫られた。

さらなる暗転は明治維新後にやってくる。アヘン戦争以来、清国の伝統的な冊封体制は危機を迎え、琉球国も相次いで来航した異国艦隊との対応を迫られた。１８５０年代、ペリー提督率いる米国をはじめ、仏、阿蘭陀《オランダ》の各国と修好条約を結ぶ。小国ながら、東アジアの独立国として認知されていたのだ。だが明治新政府は１８７９年、武力を背景に琉球併合（琉球処分）に踏み切り、最後の国王・尚泰は東京へ連行された。

琉球／沖縄は日本への同化・皇民化を経て、本土決戦を遅らせる「捨て石」となった沖縄戦、そして米軍による占領・軍政を経験する。今、辺野古新基地建設が強行され、幾度もの理不尽な「処分」に見舞われる歴史が続く。

「万国津梁の鐘」の銘文は、県知事応接室に置かれた屏風にも記されている。「万国津梁」は沖縄の平和交流の伝統を示しているからだ。もう一つ、何をおいても命こそ宝だという「命《ぬち》どぅ宝」は、反戦平和の「沖縄のこころ」を表現する。この二つが沖縄県、県民の行動規範とも言えるだろう。

Ⅰ章　米軍基地に抗う

1、米戦略に従属する辺野古新基地

〜安倍政権が工事強行

「埋め立て許さないぞー」「違法工事止めろ！」――。市民らが工事現場に次々入るダンプカーに拳を突き上げ、プラカードを掲げる。沖縄本島北部、名護市辺野古にある米軍基地キャンプ・シュワブのゲート前、2018年5月19日。国が強行する辺野古新基地建設工事の現場だ。前面の海面では護岸工事が進み、間もなく土砂投入という緊迫した時期を迎えていた。

この日も早朝から市民らが抗議行動を開始。県内外から駆け付けた約50人が、お互いの腕を組んでゲート前に座り込んだ。午前9時前、工事車両が到着する時刻になると数十人の沖縄県警機動隊がゴボウ抜き、羽交い絞め、排除に乗り出す。抗議の怒号。機動隊は10分余りで、歩道に設けた柵に市民を強制的に押し込めてしまった。
工事車両が列をなすのは午前2回、午後1回で、この頃、計350台を超える。

10時過ぎに抗議行動はいったん休止、参加者はゲート向い側に設けられた仮設テントで休憩に。現場リーダー、山城博治・沖縄平和運動センター議長が常態化する強硬警備を「犬畜生のように手首足首をつかむ。人間の尊厳を汚すやり方だ。こうなったら、違法警備を集団訴訟で告発しよう」と厳しい批判の声を上げた。参加者もマイクを握る。「私たちの運動の輪は世界に広がっている」「闘い続けることが大事だ」。続々と後続の人たちが到着し、昼前には百数十人に膨れた。

●名護市長選、国の影色濃く

紺碧の極めて自然豊かな辺野古の海

【下】辺野古新基地建設に抗議する人々　【上】抗議の先頭に立つ山城博治さん

の前に立った。ここに高さ10メートルの巨大な構造物が立ち上がることなど許されはしない、と改めて憤りを覚えた。

丁度この日、名護市内のホテル。安倍政権の総力を挙げて誕生させた新市長の渡具知《とぐち》武豊《たけとよ》氏や周辺自治体の長と向き合う菅義偉官房長官の姿があった。菅氏は自信ありげに振興策を約束した。名護市長選での勝利を踏み台に、秋に控える沖縄県知事選に向け、翁長《おなが》雄志《たけし》知事側の切り崩しを加速させるための来訪だった。

注目の名護市長選は、これより3カ月余り前の2月4日に行われた。自民・公明が推した新顔の渡具知氏が現職の稲嶺進氏を破って初当選した。米軍普天間飛行場（宜野湾市）の移設先とされた辺野古をめぐって、稲嶺陣営はこれまで通り「新基地ノー」を明確にして戦ったのに対し、渡具知陣営は争点隠しを徹底。安倍政権は国政選挙を上回るような態勢で渡具知氏を応援した。３４００票余りの差をつけ、政権は建設工事を加速させている。

稲嶺氏敗北の背景には、市民の間に「反対しても国のやることは止められない」とのあきらめ、「反対だけでは生活は良くならない」との〝対立疲れ〟がうかがわれた。その一方で移設に反対の意識は根強く、苦渋の選択を迫られた。

名護市長選を前に、市民意識の変化がみてとれた。朝日新聞と琉球朝日放送が1月28、29の両日に実施した情勢調査では、市長選で投票先を決める際に何を最も重視するか四つの選択肢から一つ選んでもらうと、「普天間飛行場の移設問題」が41％、「地域振興策」が39％とほぼ並び、「経歴や実績」（8

%）と「支援する政党や団体」（5％）が1割以下だった。4年前の同様調査では、「移設問題」56％、次いで「地域振興策」23％で、今回は地域振興を重視する人が明らかに増えていた。加えて、公明票が決め手になった。

上記2社の今回調査では基地問題についても名護市民に聞いており、辺野古移設に「反対」は63％と、「賛成」の20％を大きく上回った。4年前の調査と賛否の大きな変化はみられなかった。沖縄2紙などの共同出口調査（投票当日）でも、「反対」「どちらかと言えば反対」は計64・6％と似た傾向の数字を示している。安倍政権はこの事実を直視しなければならない。

安倍政権は選挙結果が出るとすぐさま、在日米軍への協力度合いに応じて自治体に交付する再編交付金を名護市に交付する検討を開始。4月には、17・18年度分として計約30億円の交付を決めた。他方、移設に反対する稲嶺市政には2010年の就任以降、政府は支給を停止してきた。「アメとムチ」の手法だ。

渡具知氏は「国から受け取れる財源は受け取る」と主張、経済振興を中心に訴えた。一方の稲嶺氏には「再編交付金がなくても安定した財政を築いてきた」との自負があった。

再編交付金がなくなった名護市では、市の13事業が宙に浮き、2事業が中止や保留となった。だが、11事業は沖縄振興一括交付金（12年度創設）など別の財源を充てて継続。8事業が終わり、残る3事業もめどがついていたという(1)。自治体には必要な財政需要は地方交付税から交付され、再編交付金がなくて困るわけではない。

政権は、名護市長に就任した渡具知氏を厚遇。2月13日には挨拶に官邸を訪れた渡具知氏に対し安倍首相は、掲げた公約実現に全面協力を表明。選挙結果に「よく頑張った」とねぎらった

ここぞとばかり、政権側の動きは速い。市長選後には18年度当初予算に、辺野古新基地の地元３区への直接補助金1億2千万円を計上した。いわば町内会に国家が直接カネを出す異例中の異例の措置だ（再編交付金の名護市交付に伴い、その後廃止）。

安倍政権の地元３区対策は周到だ。15年10月、地元の協力を強固にしようと、３区長との懇談会を官邸で開催。菅官房長官が県や名護市を通さずに直接補助金を交付することを伝えた。通常は市町村長でも官房長官に会えないが、目的のためには何でもする政権だ。補助率１００％、交付額は15～17年度で計２億２２００万円にのぼった。各区では防災備蓄倉庫や防犯カメラ整備、公民館隣接の休憩小屋作りなどに充てている。露骨なバラマキ政策だ。

辺野古問題に直結する名護市長選では、内密で使用自由度の高い官房機密費が以前から投入されてきたとの雑誌記事(2)もあるが、真相は分からない。強気を貫き、創価学会とも太いパイプを持つ菅氏。徹底して対抗勢力をつぶすやり方は沖縄には殊更厳しい。

国が統括する一般の自治体予算、沖縄振興予算までも基地受け入れの「見返り」「懐柔策」としての性格を帯びている。ここで想起されるのは、年の瀬の13年12月25日、官邸で安倍首相と会談した後、仲井《なかい》真《ま》弘多《ひろかず》知事（当時）が「有史以来の予算」「これでいい正月になる」と上機嫌だったこと。振興予算を21年度まで7年間、毎年３千億円規模を計上するとの「土産」措置だった。

仲井真氏は東京に呼び出され、秘密交渉を重ねていた。そして政権の懐柔に落とされた2日後、辺野古埋め立てを承認したのであった。

●進む工事だが「困難な課題」

国（沖縄防衛局）が辺野古の埋め立て作業を開始したのは15年10月。国と県が争った訴訟の和解で16年3月、いったん中断した。だが同12月、埋め立て承認を取り消した翁長知事を国が訴えた訴訟で、最高裁によって県敗訴が確定。知事は間もなく、自身の承認取り消し処分を取り消し、国は年末に早速工事を再開した。

18年度の建設予算は885億円。進む護岸工事は17年4月に開始され、護岸が伸びるにつれ反対市民の間にも、「もう取り返しのつかないところまできているのでは」と不安と焦燥がみられる。

しかし、地元で活動する元土木技術専門家、北上田毅氏（沖縄平和市民連絡会）は状況を冷静に分析する。当初の防衛局の「埋立承認願書」では、埋め立て工事は5年で完了（20年10月）とされていたが、沿岸の浅い部分から護岸造成を進め、「工事は大幅に遅れている。今後もさらに多くの困難な課題に直面することになるだろう」(3)という。

「工事の現状と問題点」を氏の検討内容に沿って示したい。

辺野古新基地の総面積は205ヘクタールで、海の埋め立ては約160ヘクタール。外周部には海面から10メートルほどの高さの護岸が設けられ、世界的にも貴重なサンゴ礁を壊し巨大構造物が造られる。この光景が100年、200年続くことを想像する力があれば、「辺野古が唯一の解決策」などとおうむ返しに言えるはずがない。

工事期間は護岸・埋め立て工事に5年、滑走路や陸上施設建設等に5年、合わせて10年とされている。投入される土砂の量は2100万立方メートル。東京ドーム17個分の大量になる。土砂は瀬戸内海や九州、鹿児島県奄美大島、沖縄本島周辺などから採取、搬入される。採取予定地など12府県18団体でつくる「辺野古土砂搬出反対全国連絡協議会」が反対運動を展開している。

埋め立ては工区を分けて実施する段取り。だが、実際の工事は計画当初の工程表からは大きく異なる。沖縄防衛局は大規模な海底岩礁破砕を伴う困難な工事をすべて後回しにし、容易に工事開始できる個所での護岸工事に集中している。「工事の『実績』をつくりだし、県民の諦めを誘うためだと思われる」(北上田)

工事には半面、難題が待ち構える。

まず、厚い琉球石灰岩で覆われた東側の大浦湾に、超軟弱な海底地盤が広範囲にあることが北上田氏による情報公開請求で判明したこと。

公表されたのは防衛局が2014年から2年間、埋め立て予定海域24カ所で実施した海底ボーリング調査と音波探査による地質データ。例えば「B—28」という地点では、水深30メートルの海底が厚さ40メートルにわたり、「マヨネーズ並みの柔らかさ」の地層で、地盤強度を示す「N値」がゼロだった。これは、強度を測る「標準貫入試験」の用具(重りと試験杭)をセットしただけでズブズブ沈む値。ほか3地点でもN値ゼロ層が確認された。大型構造物の基礎地盤にはN値50以上が必要という。

この海域の護岸は、基礎に捨て石を厚く敷き詰め、その上に数千トンに及ぶ巨大なコンクリートの函《はこ》・ケーソンを設置する工法だ。ここで超軟弱地盤は想定されておらず、北上田氏は「幅300メートル、延長1800メートルをごっそり地盤改良する、不可能に近いような工事が必要。莫大な費用を要し環境破壊が深刻」と指摘する。

ケーソン護岸の構造変更と地盤改良には、知事への設計概要変更申請が必要。知事が承認しないと、その時点で工事は頓挫すると北上田氏は見通す。一方、沖縄防衛局は護岸延長が進む西側から土砂を投入する段取り。

二つ目は大浦湾海底部に活断層がある可能性。防衛庁（当時）が2000年10月に示した資料では、海底部にある50メートル以上の落ち込みについて、「断層による」と記載されていた。陸上部の辺野古断層と楚久断層の延長線上と重なるからだ。防衛局は海上ボーリングと音波探査を延々と5年近くも続けており、海底地盤に何らかの問題が見つかったためとしか考えられないという。国は調査結果の公表を拒み続ける。

この活断層が基地建設に与える影響を考える「辺野古沿岸域活断層シンポジウム」（主催・辺野古新基地を造らせないオール沖縄会議）が18年2月、那覇市内のホテルで開かれた。地質などの専門家3人が「予定地の下に活断層が存在する可能性が高い」と指摘し「無謀な計画だ」と批判した。

●環境破壊・脱法行為続く

沖縄県と名護市、県民が問題にするのは、仲井真知事が埋め立て承認した際の「留意事項」に記された施工に関する事前協議や知事の承認事項を沖縄防衛局がことごとく無視していることだ。必要となる設計変更申請も行わない脱法行為を続けている。

そもそも防衛局は17年3月31日に期限を迎えた岩礁破砕許可が切れても、更新の必要はないと強弁、県の中止指示を無視して工事を続けてきた経緯がある。漁業権のある漁場内で海底の地形を変える工事をする場合、県漁業調整規則によって許可を得る必要があるが、国は地元漁協が漁業権をすでに放棄、消滅したとの立場をとる。

このため県は同7月、国を相手に岩礁破砕行為を伴う工事の差し止め訴訟を那覇地裁に起こした。「漁業法の趣旨やこれまでの政府見解に照らし、防衛局が工事を行っている海域は漁業権が設定されている」と説明。行政として無許可の行為を到底放置できないとした。結果、18年3月、門前払いの形で県は敗訴した。

辺野古地先は世界に誇る多様な自然環境が残る海であることは、繰り返して銘記したい。5300種を超す生物が記録され、260種の絶滅危惧種が含まれる。亜熱帯林から流れる川、干潟、よく発達したサンゴ礁と海草の藻場。国内ではここにしか見られない内湾性のサンゴ礁生態系をつくりだしている。多くの生き物を育む藻場にはジュゴンも回遊、日本で最後のジュゴン個体群の生息域の一部。工事の影響かは分からないが、3頭のうちの1頭が15年6月以降生息不明になっている。

特に藻場は周辺海域で最大規模。移植の保全措置もせずに埋め殺すという。

日本生態学会など21もの学会が共同で14年11月、こうした環境の保全を求める要望書を国に提出している。大浦湾埋め立てによる海流の変化などが、微妙なバランスによって保たれている生態系にどのような悪影響を与えるか。

大浦湾に注ぐ河口部には、国内でも数少ない天然のマングローブが広がる。琉球大農学部の亀山統一《のりかず》助教は「サンゴを育むのはマングローブ」と指摘、埋め立てを懸念する。多くのマングローブが開発で消える中、この地域は自然の姿で残っており貴重だという[4]。

「宝の海」のサンゴ礁。大浦湾側に7万4千群体が生息するとされる。だが、防衛局は環境保全措置として着工前に行うとしてきた移植にいまだ着手していない。

サンゴの移植は海を埋め立てる免罪符のように使われている。そもそも、移植によりサンゴ礁生態系が復活するのは「幻想」だという研究者の指摘がある。大久保奈弥・東京経済大准教授が月刊誌『世界』(17年12月号)に載せた論考「サンゴの移植は環境保全措置となり得ない」だ。

那覇空港滑走路増設事業や泡瀬干潟(沖縄市)などのサンゴ移設の結果を例に、移植がサンゴ礁再生に有効であるとは言えないと問題提起。「人間にできるのは、壊れたサンゴ礁生態系を『再生』することではなく、今あるサンゴ礁生態系を『保護・保全』し、サンゴが自ら再生できるような環境づくりを『推進』することだ」(大久保)

●軍事機能強化の「新基地」

辺野古に建設しようとする基地計画が、普天間飛行場代替の単なる「移設」ではなく、なぜ「新基地」なのか。普天間返還に合意したのが１９９６年で、県と名護市の受け入れ表明を受け移設先が辺野古沖と閣議決定されたのが99年。当初はヘリポート新設ともみられていたが、次第に巨大化していった。

計画では、全長１８００メートルのＶ字型滑走路２本、ヘリパッド（ヘリコプター着陸帯）４カ所のほか、強襲揚陸艦（艦載機や上陸用舟艇装備）が接岸できる護岸２７２メートル、航空機の弾薬搭載エリアが造成される。かつては核兵器が貯蔵されたという辺野古弾薬庫が隣接、米軍にとっては一体的運用と機動性が増す基地機能強化にほかならない。

米国は１９６０年代、辺野古に二つの滑走路と軍港付きの基地を計画したが、予算面で頓挫した歴史がある。完成すれば、普天間基地に24機いるオスプレイだけでなく、最新鋭ステルス戦闘機Ｆ35Ｂ（垂直離着陸）も離発着できるようになるという。

米海兵隊と辺野古新基地との関係をたどる。

米軍再編合意に伴うグアムなどへの移転計画（２０１２年、見直し合意）では、在沖の米海兵隊約１万５千人のうち９千人が移転する。移転実行で、主力の戦闘部隊は２千人規模の第31海兵遠征隊（31ＭＥＵ）のみとなる。31ＭＥＵは同盟国やアジア各国との間で実施される人道支援や災害救援活動訓練への参加が任務で、１年の大半を県外展開し留守勝ちだ。

対中国の抑止力は、在沖海兵隊ではなく、極東最大の空軍・嘉手納基地（嘉手納町など）が担っていることは軍事上の常識。常駐もしていない海兵隊部隊が「抑止力」にならないことは自明である。

では、なぜ米海兵隊が辺野古に新基地を造ろうとしているのか。

第1に、米国が対中有事に備え、嘉手納基地と那覇空港にプラスする第3の滑走路を必要としていること。これはウィキリークスが暴露した極秘公電（09年10月15日付）でキャンベル国務次官補が説明。米国の戦争戦略「エアシー・バトル」と軌を一にする。沖縄は真っ先に破壊され、日本列島が戦場に。在日米軍は中国のミサイル攻撃を想定してグアムやアラスカに一斉に退避、という戦略が描かれる。

第2の理由。元々不要論がある海兵隊。米本土に移転すれば、唯一の海外駐留部隊、沖縄の第3海兵遠征軍は第1海兵遠征軍に統合されることから、自らの地位を保持する狙いがある。沖縄戦を戦った海兵隊には幾多の戦死者の「血で贖《あがな》ったもの」との意識が残るとされる。

第3は、尖閣諸島などをめぐる対中「抑止力」として、日本政府が彼らを引き留めているからだ。沖縄返還時にも、米国は全ての海兵隊を米本土に撤退する計画を立てていたが、日本政府が駐留を継続させ、引き換えに海兵隊基地をリニューアルすることにしたとされる。その後幾度か、幾人かからあった撤退論も、日本政府が押しとどめた。「辺野古が唯一」と唱える元凶は日本政府にほかならない＝この項、後に詳述。

基地負担を沖縄だけに押し付ける日本政府の構図は、名護市長選最中の国会でも露わになった。安倍首相が衆院予算委員会で、沖縄の基地負担軽減に関連し「移設先となる本土の理解が得られない」

と述べたからだ。では、沖縄では県民の理解が得られなくても新基地を造るのか。裏を返せば県民の理解を得ることは念頭にない。これが本音だろう。

●「辺野古以外」の選択とは

普天間飛行場の閉鎖・撤去に向け、沖縄県は辺野古への新基地建設を不要とする案の情報収集に本腰を入れている。「辺野古が唯一」ではない選択肢を日米両政府に示し、国内外の世論を喚起する狙いがある。県が注目するのは、国内のシンクタンク「新外交イニシアティブ」（ND）、外交・安全保障を研究する米ジョージワシントン大学のマイク・モチヅキ教授とブルッキングス研究所のマイケル・オハンロン上級研究員の案（18年1月1日付、沖縄タイムス）。

◆新外交イニシアティブの提言＝主力の第31海兵遠征隊（31ＭＥＵ）の県外移転、高速輸送船の日本提供

提言では、グアム移転後も沖縄に残る31ＭＥＵは前述のように、1年の大半が沖縄を留守にすると指摘。沖縄は海兵隊と佐世保基地の強襲揚陸艦とが合流する場所（ランデブーポイント）でしかなく、その役割は豪州やハワイでも果たせるとする。

31ＭＥＵの拠点を沖縄以外に移した上で、活動支援のための高速輸送船を日本が提供することを提案。辺野古新基地に投じる巨費の転用で、はるかに少ない費用負担で普天間返還が実現可能という。

沖縄の海兵隊司令部は、東アジアの地震や台風、干ばつなどの災害対策や各種訓練の「連絡調整センター」に。31MEUが行っている非軍事活動には自衛隊も積極参加して、各国軍隊との連携と安全保障環境の改善を図る。戦中戦後、多大な犠牲を払った沖縄の21世紀に相応しい姿だと描く。現在の計画に固執して沖縄との「永遠の対立という救いようのない道」を選ぶのか、日米・沖縄・海兵隊がいずれも納得できる「オール・ウィンの道」を選ぶのかが問われていると結ぶ。

4人連名(柳澤協二、屋良朝博、半田滋、佐道明広)による提言「今こそ辺野古に代わる選択を」は17年2月、東京の外国特派員協会と国会議員会館で発表。あくまで沖縄の負担軽減が目的で、日米安保体制と矛盾を生じさせるものではないと強調している。

◆米研究者2氏の案=普天間飛行場閉鎖、戦闘物資搭載の「事前集積船」配備

モチヅキ、オハンロンの両氏が連名で12年に発表した案。在沖海兵隊の5千~8千人を残した上で大半は米本土に移駐する。その代わり、1万数千人分の武器弾薬や物資を積んだ事前集積船を佐世保基地近くに新たに展開。米本土の海兵隊員を直接、アジア・太平洋の有事の地域に航空機で運び、事前集積船と合流する方が5割方早く急展開できると説明する。朝鮮半島なら1週間以内に配備完了という。

普天間閉鎖(有事用に滑走路は維持)に伴い、沖縄本島北部の基地キャンプ・シュワブにヘリポートを建設。有事には那覇空港の滑走路を使用するなどの条件付き。日本は辺野古新基地を造る必要が

なくなり、その経費は事前集積船導入に充てられるとも説明している。

NDの提言に対しては、辺野古新基地に反対する人からは「軍隊の正当化」などの批判が寄せられた。だが、代替案が出ないなか、米国防総省や米の軍事専門家らとの具体的議論に用いられれば、との思いで作成したという。

ワシントンでロビー活動をしているNDの猿田佐世事務局長によると、辺野古問題に関しては米国の方がずっと柔軟な考えを持つ人が多い。連邦議会民主・共和3上院議員による「東アジアにおける米軍駐留計画の再検討を求める」声明（11年5月）、知日派の元国防次官補と元国務副長官による沖縄の民意や日本政府のアイデアへの尊重意識（14年、15年）、辺野古の戦略的な価値に疑問を呈する元駐日大使（15年6月）、県民の意思が「ノー」の地域に基地は造れないと断じる元大統領特別補佐官（15年4月）……。辺野古新基地を推進しているのは、「米政府ではなくむしろ日本政府である」構図(5)がくっきりと浮かぶ。

●「軍事国家」化の中で

米国主導による軍事力強化が進む日本。淵源をたどれば、普天間返還合意と引き換えの形で合意された1996年4月の日米安保共同宣言に行き着く。安保体制が従来の日米間・極東の範囲からアジア太平洋地域にまで拡大し、軍事同盟化への色合いを濃くした。以降、日米の軍事的一体化が進展の一途をたどる。

自衛隊の沿岸監視部隊配備が先行した南西諸島最西端の与那国島（台湾との国境の島）、ミサイル部隊などの配備計画が進む宮古島と石垣島の先島諸島、そして鹿児島県・奄美大島。沖縄本島でも陸海空の部隊と装備の増強が図られている。こうした展開の中に辺野古新基地を位置付けると、対中有事の役割が浮かび上がる。有事で緊急接岸した強襲揚陸艦に海兵隊員が乗り込み、本島北部・米軍北部訓練場の新設ヘリパッドで訓練したオスプレイ群が兵員を乗せ戦地に飛び立つ――。

２０１８年３月、日本版海兵隊となる陸自「水陸機動団」が長崎県佐世保・相浦《あいのうら》駐屯地に創設された。海兵隊のように水陸両用車を装備し、仮に南西諸島が侵攻された際には、戦闘部隊を上陸させ島嶼《とうしょ》部の確保を図る。３千人規模の部隊となり、沖縄への配備も取り沙汰される。

水陸機動団創設は、自衛隊が島嶼防衛をうたい文句に「外征部隊」に変貌する動きに見える。軍事列島化も進み、米軍岩国基地（山口県）は米軍再編で厚木基地から主力戦闘機が段階的に移転され、嘉手納基地を抜いて極東最大級の米空軍基地となる。米空軍三沢基地（青森県）、同居する空自三沢基地では、最新のＦ35Ａステルス戦闘機増強を進め、日米合わせて80機にも及ぶ態勢となる。

米軍と自衛隊の軍事的一体化の進展、基地の日米共同使用の強化。こうした全体の流れをみるとき、辺野古新基地が単なる「移設」ではなく、米戦略に連関する全島軍事要塞化の一環であることが明白となってくる。

佐藤学・沖縄国際大教授は辺野古新基地建設を強行する日本政府・安倍政権の姿勢について、次のように総括する。

「米国の庇護の下にあるという戦後の幻想を、なんとか引き延ばすための手段が、沖縄の米国への提供である」。つまりは、中国の軍事的台頭を前に、米国にすがる「貢物」が辺野古だ。その後ろめたさを糊塗しようと、沖縄の地理的優位性とか沖縄経済の基地依存とかを持ち出すが、それは無知というものだ。一方で、「海兵隊は、自国政府から、老朽化した普天間に代わる航空基地を建設する予算を期待できない以上、日本という金蔓《かねづる》を掴《つか》み、自己防衛をしようとしている」（『Waseda Asia Review』16年2月号「沖縄の闘いの意味」）。

辺野古は日本による欺瞞、米国による欺瞞に満ちている。

【注】

（1）『朝日新聞』２０１８年1月28日付

（2）『世界』18年3月号、野中大樹「新基地建設と人々（上）」

（3）『世界』18年3月号「辺野古新基地建設はいずれ頓挫する」

（4）『沖縄タイムス』16年11月6日付

（5）新外交イニシアティブ編『辺野古問題をどう解決するか』（岩波書店、17年）

2、原始の森裂きオスプレイ

～着陸帯建設に住民抗う

濃密な森のにおいがこもる夜気が樹々の間から渡って来る。「やんばる」（山原）の森。何億光年か先の銀河団や星々からの光が降るように注がれる。

筆者は2016年10月初旬、沖縄本島北部に位置する東村高江の米軍北部訓練場に対する住民の闘いの拠点「N1裏」テントに1泊した。小動物の足音や鳥同士のささやき合い、かすかな葉擦れなど「森の声」の中にある。ノグチゲラかも知れない鳴き声も聞いた。寝袋に入ってどれだけ経ったか、突然、テントを激しくたたく雨音に驚いた。亜熱帯性の湿潤な森と、そこの生き物を育む多雨を知った。明けると、夜の雨がうそのように、いまだ真夏の太陽が輝いていた。

世界自然遺産級のこんな貴重な森に米海兵隊のヘリパッド（ヘリコプター着陸帯）を造り、オスプレイが飛び交い、米兵の戦闘訓練が行われることなどあってはならないと思った。

訓練場撤去を求める、連日のゲート前座り込みは18年夏で11周年。その住民らの上を超低空で巨大怪鳥のようなオスプレイが飛ぶ。

●甘くない米軍の「返還」

日米両政府は1996年、沖縄の米軍基地の整理縮小を図る方針を打ち出し、北部訓練場（東村、国頭村）の過半を返還することにした。広大な7800ヘクタールのうちの4千ヘクタール。北部訓練場は生物多様性に富んだ原始の森が覆う、県内最大の米軍演習場だ。

これに伴い、代替のヘリパッド6カ所の新設が計画された。住民約140人が住む東村高江の集落を取り囲むような建設。墜落の恐怖、耐え切れない騒音被害を心配する住民らが粘り強い反対運動を展開した。

工事が進まないままだったが、国（沖縄防衛局）は2016年7月に工事再開に踏み切った。参院選で安倍政権が勝利した途端、機動隊を大量動員しての強行だった。

ヘリパッド2カ所は15年2月から先行提供、残る4カ所の建設が16年12月には完了した。国は12月22日、名護市で北部訓練場の過半返還の記念式典を開催し、菅官房長官やケネディ駐日米大使らが参加して祝った。だが翁長雄志知事は不参加。

返還を本来、「歓迎」と言うべきものなのか。県の『返還軍用地の施設別概要』（1980年）から北部訓練場開設の経緯をたどる。

米軍は1957年10月、自らの管理下にあった広大な国有・県有地（復帰前の公有地は民政府管理）を「ジャングル戦闘訓練センター」として接収した。軍用地として接収される前のこの地域は沖縄本島の貴重な山林資源であり、また東、国頭両村民の「里山」として入会慣行による立木竹の伐採や薪炭採取等が行われ、乱伐防止・植林が施されてきた。

米軍は63年2月、ベトナム戦争に対応した猛訓練とともに基地を拡張した。地理的条件が東南アジアに酷似していたことから、格好のゲリラ演習基地として、地雷敷設、毒矢工作、渡河、ヘリ降下などあらゆる軍事訓練の場となった。当時、ベトナム戦争で使用した枯葉剤もまかれたとされる。

また、77年12月には、県が農地開発のために一部を返還要求したのに対し、代替として国頭村の東方海岸に新たに26・8ヘクタールを追加提供することで日米が合意した。県当局や民主団体の反対を押し切っての接収だったという。79年にも、返還分の代替地として新規接収するなど返還には常に代替地が求められた経緯がある。

今回の返還計画でも、返還区域内のヘリパッド移設が大前提。そもそも、返還する場所は使用不能なことも米軍文書から分かった。米海兵隊が２０１３年にまとめた基地運用計画「戦略展望２０２５」では、「最大51%の『使用不可能』な訓練場を日本政府に返還し、限られた土地を最大限に活用する訓練場を新たに開発する」としている(1)。

結果、ヘリパッドは22カ所が21カ所になるが、新設6カ所はオスプレイが使用。海からの上陸作戦訓練のため、新たに宇嘉川河口水域の提供を受け、全体としては訓練機能強化を勝ち取る。付近は断崖上の海岸が続く本島東北部の中で海に開けた場所で、米軍が目を付けた。河口から崖を登ったところにある「G〜H」(施行地区名)のヘリパッドまで約2キロが海兵隊の上陸・歩行訓練ルートとして整備される。

米軍は甘くはない。海兵隊はどこでの、どんな作戦を想定しているのか。

さらに、北部訓練場の問題で見過ごせない事実が明らかになった。防衛省が陸上自衛隊の共同使用による「対ゲリラ戦」訓練を検討していることが、16年10月の沖縄県議会一般質問で判明した。過半返還による「負担軽減」に全く反する基地機能強化だ。

計画が記されているのは民主党政権下の防衛省防衛政策局が作成した「日米の動的防衛協力について」。取り上げた共産議員は資料を基に、「米軍だけでなく自衛隊も沖縄に集中させる計画ではないか」と指摘。県側も「共同使用で県民の負担増加があってはならない」と懸念を示した。

陸上自衛隊では広大な北部訓練場や導入した水陸両用車による上陸作戦訓練のできるキャンプ・シュワブは魅力的に映るという。まさに長崎県佐世保に編成された日本版海兵隊・水陸機動団が共同使用する動きだ。

●環境破壊のオスプレイ

北部訓練場の過半返還計画は「好意」などではない。発端は、1955年9月の米兵3人による少女暴行事件だった。繰り返される事件を機に「なぜ、沖縄だけが基地負担に苦しむのか」の声が沸騰し、県民の激しい抗議・怒りは8万5千人参加の県民総決起集会で示された。このままでは沖縄の基地を維持できないと、日米両政府が迫られた結果である。

日米両政府は同11月、「沖縄に関する特別行動委員会」（SACO）を発足させ、基地の整理縮小・

統合を図った。96年12月、ＳＡＣＯ最終報告書で、県内移設条件付きで普天間飛行場と北部訓練場など県内11施設の返還が発表された。

こうした計画に対し、高江区は2回（１９９９年、２００６年）にわたる区民総会で反対を決議した。２００７年7月の強行着工に対し、住民らは「ヘリパッドいらない住民の会」を結成して連日、座り込みの抗議活動を展開して工事は度々中断された。住民の運動は、ドキュメンタリー映画「標的の村」（三上智恵監督）に詳しい。

14年度までに完成した2カ所のヘリパッドからはオスプレイが低空飛行で盛んに離着陸訓練、年間1千回を超すという。東村によると、集落とは５００～５５０メートルしか離れておらず、重低騒音による深刻な被害を引き起こしている。集落の夜間の騒音回数は16年6月、２年前の20倍を超す３８３回に激増し、6月20日午後10時過ぎには、「電車が通るガード下並み」の騒音99・３デシベルを記録。ヘリパッドが建設されれば「人間は住めなくなる」との住民の懸念が現実となった。過半返還を安倍政権は「本土復帰後、最大の返還だ」と高唱したが、高江の住民には「負担加重」でしかない。

当時、高江小中学校（児童生徒数、計15人）では、眠れないと訴える児童生徒３人が相前後して学校を休む事態が起きた。オスプレイ配備後の2年前には、ノグチゲラが教室の窓に激突したことが2件あり、それから学校では窓ガラスに鷲や鷹の猛禽類の写真を貼る防止策を施している。なお、同校は17年度から中学生は統合された東中に通うようになり、小学生のみの高江小になっている。18年５月現在の児童数は６人。

オスプレイをめぐっては、米国はＳＡＣＯ最終報告草案に沖縄配備を盛り込んでいたが、欠陥機と疑われたことで、政府は世論の反発を恐れて文書から削除、ひた隠しにした経緯がある。認めたのはＳＡＣＯ報告から14年も後、配備2年前の２０１０年になってからだ。オスプレイ運用に対して翁長知事は「想定外」と批判してきた。

沖縄防衛局が行った環境影響評価（アセスメント）の対象機種はＣＨ53大型輸送ヘリで、オスプレイによる影響は調査されていない問題もある。重低騒音と最高２１７℃という排気熱が北部地域の自然林地帯「やんばる」の自然に影響を及ぼさないわけがない。

●豊かな森、全面返還を

やんばる地域には、国内最大級の亜熱帯性常緑広葉樹林が良好に残る。これ以南の中南部地域が隆起珊瑚礁からなる低い丘陵地で、川がほとんどないのに対し、北部地域は低いながらも山並みが続き、河川が多い。

北部訓練場では、地球上でここだけに生息するノグチゲラ、ヤンバルクイナをはじめ4千種を超える野生生物の生息を記録。多くの固有種、絶滅の恐れのある種を含めた生物の多様性では、他府県に比べ、単位面積あたりで40～50倍もの豊かさという。

国際自然保護連合は２０００年と04年の2度にわたり、軍用ヘリパッド建設ではなく、希少野生生物の生息地保護に力を入れるべきだと日米両政府に勧告している。また、伊波洋一参院議員（沖縄県選挙区）によると、米連邦議会は1991年から92年にかけて、海外の米軍基地は当該国の環境基準を遵守し、絶滅危惧種が生息するような自然環境を壊さないことを国防総省に義務付けた。日本では、日本環境管理基準（JEGS）として運用されているが、実際には全く考慮されていないという(2)。

新たなヘリパッド建設地一帯は、自然度が極めて高い生態系を保っていることも分かっている。琉球大と広島大の「琉球列島動植物分布調査チーム」は「人類が守るべき世界的な財産」だと指摘。99年6月、計画見直しを国県に要望した。

ところが、国はN1地区2カ所、G、Hの計3地区で計2万4262本の立木の伐採を計画し、伐採範囲は3・8ヘクタール余りにのぼる。多大な環境への負荷で、森林伐採が森に風を通して、生き物が好む湿り気を奪うと専門家は警告した(3)。

国の特別天然記念物ノグチゲラの生息数は推定400～500羽。那覇防衛施設局（当時）の2007年の調査では、ヘリパッド建設予定地の4地区6カ所で計35カ所の巣穴が確認された。完成したN4地区では、ノグチゲラの幾羽かが巣穴を移転。高温の排気熱でヘリパッド周辺の樹々が明らかに乾燥していたという。

豊かな自然と景観の貴重さは環境省からも示された。16年9月15日、本島北部の国頭、東、大宜味3村にまたがる陸域と海域約1万6300ヘクタールが「やんばる国立公園」に指定された。国内33カ所目で、指定日は国の天然記念物「ヤンバルテナガコガネ」が発見された日（1983年）にちなんだという。国は18年6月、北部訓練場のうち3700ヘクタールを国立公園区域に編入した。

政府はうち特に貴重な地域の自然について、奄美大島とともに世界自然遺産登録を目指した。結果、ユネスコ（国連教育科学文化機関）の諮問機関である国際自然保護連合は18年5月、「奄美大島、徳之島、沖縄島北部及び西表島」（鹿児島、沖縄両県）については「登録延期」の勧告となった。豊かな生物多様性は評価されたものの、抜本的な見直しを求めた。北部訓練場は大きな阻害要因である。

世界に誇る森を米軍が我が物顔に使う道理は全くない。森を次代に残すためには、北部訓練場の全面返還を求めるのが正当である。

●強硬警備に抗議広がる

ヘリパッド工事現場のゲート前で展開された市民らの抗議活動に対する警備は過剰だった。その経過を再現する。

参院選直後の2016年7月11日。国側が早朝から工事再開の準備作業にとりかかったことから、市民らは辺野古から高江に反対闘争の主力を移動させた。国はこの日以降、連日砂利などの資材搬入を図る。これに対し、「居ても立っても居られない」と全国各地から駆け付けた多数の市民らが結集。座り込んだり、砂利運搬のダンプカーに潜り込んだりして工事阻止活動を展開した。

工事再開の同22日。車中泊した市民ら200人が座り込みと170台の車列を作って抵抗した。国側は6府県警から500人を優に超す機動隊員を動員する警備態勢を敷き、県道を一時封鎖して強制排除。車両の上に陣取る人たちに暴力を振るい現場は騒然となった。激しいもみあいで市民3人が救急搬送。逮捕者、けが人はその後も相次いだ。

そして、警察は訓練場各ゲート前を通る県道を一時封鎖したり、検問で行く先を尋ね反対派だけを封殺したりした。8月20日には、取材中の地元2紙の記者を強制排除。ささいな事案で市民を逮捕・勾留するといった「不法」を繰り返してきた。沖縄タイムスと琉球新報は「報道の自由の侵害」だとして、強い抗議声明を出した。こうした事態について、市民らを支援する弁護団は「高江は戒厳令下にあるのと同様だ」とも指摘した。

「年内完工」へ焦る国が、自衛隊ヘリで工事に使用する車両を搬入したのは9月13日だった。米軍施設建設作業に自衛隊が投入されるのは極めて異例。法的根拠として防衛省は「米軍基地の提供や返還は防衛省の事務」とある防衛省設置法を挙げた。だが、同法は行政組織の形を規定した法律。軍事ジャーナリスト前田哲男氏は「米軍基地建設に自衛隊が関わることは常識的に考えて不適切だ」と指摘した(4)。

10月8日の土曜日。筆者は泊まっていたN1裏テントを早朝に出発し、N1ゲート前の座り込みに参加した。毎週水曜日と土曜日を特別行動日として結集を呼びかけ、資材搬入の実質阻止を目論んでいた。

午前7時40分ごろから、ゲート前集会が始まった。87歳の島袋文子さん、沖縄選出の糸数慶子参議院議員、赤嶺政賢衆院議員も前に陣取る。全員でラジオ体操の後、参加各団体や個人から問題点を突くアピールが相次ぐ。「オスプレイ飛行は絶対に許せない」「北部訓練場は1950年代、米軍が一方的に取り上げた地域だ」「ノグチゲラの営巣木もバッタバッタと伐られている」。東村民の一人は「日々工事が進んで心がくじけそうになるが、くじけたら政権の思うつぼ」と朴訥とした表情で話した。結局、この日の資材搬入は阻まれた。

市民らによる辺野古と高江での闘いは、不正義な権力・政治に対する〈非暴力〉〈不服従〉、政治の正当性への異議申し立て〈直接行動〉の三つだ。運動の現場では唄や踊り、講義もある「ゆるさ」が特徴。目を吊り上げた悲壮感、先鋭化した運動では長続きしない。様々な市民運動の道標ともなる。抗議集会では、演説や発表など初めての参加者が次々と前に立ち、その一人ひとりの思いに味わいがあり、感動を覚える。一度参加すると、「また来なければ」と思うのだという。闘いの輪は全国に、海外に広がっていた。

精神科医の香山リカさんは高江での抗議行動に参加した際、機動隊による車中封鎖を体験。東京で、「突然、自動車を止められて動かぬように拘束させられたり抗議活動中の接触などで逮捕されたりしたら、『人権侵害だ』『権力による弾圧だ』と大騒ぎになるはずだ。それがなぜ、本土の人たちは『沖縄なら仕方ない』『抗議する側にも問題がある』といった雰囲気となり、目を背けようとするのか。これは紛れもなく差別であろう。日本国内にこれほど厳然とした特定地域への差別があることのおかしさを本土の多くの人たちに知ってもらうのが私の役割だ、といま強く思っている」と綴った(5)。

●アメとムチの政権

このとき、安倍政権は辺野古をめぐっても強硬姿勢を見せた。ヘリパッド工事再開に合わせ2016年7月、辺野古埋め立て承認取り消しの撤回を求めて翁長知事を提訴したのである。撤回を求める国土交通相の是正指示に従わないのは「違法な不作為だ」(地方自治法に基づく違法確認訴訟)というもの。

福岡高裁那覇支部で8月6日、第1回口頭弁論が開かれたが、この日に判決日を9月16日と言い渡すスピード審理。多見谷寿郎裁判長は翁長知事に異例にも、「県は判決に従うか」と何度も質す場面があった。

そして、判決は県の敗訴。「普天間の危険を除去するには辺野古の埋め立てを行うしかなく、これにより基地負担が軽減される」とする国の主張そのもので、住民らから「不当判決」との怒りがあがった。法律的にも杜撰《ずさん》な判決とされた。

岡田正則・早稲田大学院教授(行政法)は「本判決は、おそらくほとんどの法律家の目から見ると、信じがたい判断の羅列」で、「日本の法治主義と地方自治を真っ向から否定する内容」。問題点を詳細に挙げたうえで、最高裁で全面的に見直されるべきは明らかとした(6)。県は最高裁に上告したが12月、国勝訴の判決を下した。

05年秋に異動してきた多見谷裁判長は安倍政権が差し向けたものだとの疑念が指摘されていた。司法の独立はどこにいったのだろうか。

安倍政権のおごりは続く。16年9月26日の衆院本会議での所信表明演説。安倍首相は領土や領海、領空の警備にあたっている海上保安庁、警察、自衛隊をたたえ、「心からの敬意を表そうではありませんか」と促された自民議員がスダンディングオベーションした出来事があった。異例、異様な光景で、「まるで全体主義国家のようだ」などの批判を呼んだ。

沖縄の民意を強行に抑えつけてきた3者の「健闘」をたたえているかに聞こえた。3者は首相の「私兵」「親衛隊」ではないはずだ。

同30日の衆院予算委員会では、野党がこの問題について質問すると、首相は「こじつけ」「侮辱」と怒ってまくしたて、委員長に制止されても続けた。ほかでも感情を露わにして反論する場面が目立つ。

安倍官邸を束ねる菅官房長官の分断工作も常套手段になった。16年の来県時（10月8日）にも、菅氏は異例の直接補助金をめぐって、名護市内のホテルで、辺野古の地元3区区長と、続いて東村高江区長と会談。3区長には引き続き財政支援の要望に応える考えを示した。

自衛隊が米軍北部訓練場などで対ゲリラ戦・上陸作戦の訓練を行う海兵隊化、そして奄美大島と先島諸島のミサイル基地化——。その先には、日米一体となった沖縄の軍事要塞化の流れが見える。

沖縄全島軍事化に抗することはできるのか。闘争現場の山城博治・沖縄平和運動センター議長はめげない。さる16年10月8日のN1ゲート前集会では、「戦後民主主義を問うなら、高江の現場から問う。

沖縄の闘いこそが唯一の希望です」。

あろうことか山城氏が9日後の17日、訓練場内の有刺鉄線2本を切断したとする器物損壊容疑で逮捕された。沖縄県警は20日には、公務執行妨害容疑と傷害の容疑で再逮捕。8月の些細な事案で、不当逮捕に違いない。そして、5カ月間も拘留された。

那覇地裁は2018年3月、山城氏に対し懲役2年、執行猶予3年（求刑懲役2年6月）の判決を下した。控訴して闘う氏の背筋は伸びていた。

【注】

（1）『琉球新報』2016年8月23日付
（2）『週刊金曜日』16年10月7日号、『前衛』同年10月号
（3）『琉球新報』同年10月13日付
（4）『朝日新聞』同年9月14日付
（5）『琉球新報』同年10月15日付
（6）『世界』同年11月号
（7）『琉球新報』同年10月9日付

3、仰ぐ沖縄の空、不安なオスプレイ

～内外で事故続発

巨大な新型輸送機・オスプレイの機体が轟音とともに米軍普天間飛行場（沖縄県宜野湾市）から飛び立つ。相次ぐ事故に県民の不安と恐怖は収まることがない。

名護市安部の海岸浅瀬に２０１６年12月13日夜、米海兵隊のＭＶ22オスプレイが墜落して大破、事故を心配してきた沖縄県民に大きな衝撃を与えた。空中給油訓練中にオスプレイのプロペラが給油機から出ていたホースと接触し、プロペラが損傷したのが原因とされたが、県民が抱いてきた強い不安が現実となった。

オスプレイは普天間配備のＣＨ46ヘリの後継輸送機だが、行動半径はその4倍、積載量は3倍、速度は2倍。東アジア全域を行動範囲におさめ、米の世界戦略の重要な「足」となる。オスプレイが１００機運用可能ともされる辺野古新基地の建設を許すと、沖縄中、日本中にオスプレイが飛び交うことになる。日本防衛のためなら不要なはずのオスプレイを自衛隊も相次ぎ購入、「戦争する国」へ日米一体で邁進《まいしん》する姿が浮かび上がる。

●危険な空中給油

空中給油の夜間訓練中だった名護市安部でのオスプレイ墜落事故は、その危険性を如実に示した。事故はその後も内外で続いている。事故から1カ月足らずで空中給油訓練は再開された。県民世論より米軍の要求を最優先する政府の姿勢は明らかだ。

給油していたのは空軍特殊作戦群のMC130。オスプレイは給油に際しては、機首下部から約3メートルの給油受け管（プローブ）を前方に繰り出し、先端が漏斗状になった給油機ホースに挿入する。給油は飛行中の作業、夜間は一段と熟練を要する。風の影響を受けやすく、防衛省は、給油後に乱気流等が事故の誘因となったとみており、軍事評論家が構造的な危険性を指摘してきた通りになった。事故機は夜間、外洋に降りれば乗員の発見・救助は容易でないので、何とか海岸にたどり着いたのが現実とみられる。現場の機体は、着陸の際のヘリモードではなく固定翼モードだった。機体は大破し、「不時着水」とはとても言えない。まかり間違って陸地なら、大惨事になるところだった。

米軍自体もこうした事態を想定し、危険事例をフライトマニュアルに詳細に記述していることが明らかになった。『週刊金曜日』17年2月3日・10日号（筆者・新藤健一）が「スクープ」として報じた。墜落したオスプレイから流出したとみられるパイロット用の重要文書（A5判サイズ、厚さ約4センチ）が現場から約18キロ南の海岸に漂着したのを入手したといい、オスプレイの概要と緊急時の手順が書かれていた。

フライトマニュアルでは、空中給油中にホースやその他の装備が機体にぶつかることがあり得るとし、プロップローター（プロペラとローター＝回転翼＝の合成語）にぶつかったときは大惨事になりかねないと記述する。空中給油後に給油機ホースがオスプレイの給油受け管から外れない場合のやり方も説明され、この際も大惨事の可能性を指摘している。

事故当日、「前輪が出ず」普天間飛行場に胴体着陸したオスプレイの事故もあり、住民の不安を増幅させた。

他方、17年1月20日には沖縄県うるま市に、普天間基地所属のＡＨＩＺ攻撃ヘリが不時着した。この攻撃ヘリが翌日に農道から離陸した際、排気熱により畑の作物が焦げたが、被害を受けた農家と地元自治会は、国からの損害賠償の提案を断っている。「お金ではない。島の上空を飛んでほしくないだけ」(1)と、思いは切実だ。

在日米軍の監視活動をしている市民団体「リムピース」の頼和太郎《らいわたろう》氏は暗視装置を使う空中給油の危険性を指摘したうえで、「沖縄ではこうした危険な訓練が日常的に行われ、住民はその恐怖の中で暮らさなければならない。その心理的負担は本土の人間は想像できない」(2)と語る。

●操縦には高い技量

ヘリコプターが抱える問題点を補う狙いで開発されたのが垂直離着陸機だ。ヘリは搭載量や行動半径、速度の面で制約がある。垂直離着陸機は回転翼機と固定翼機の双方の利点を兼ね備えた航空機として開発され、ヘリとして離陸し、上空では通常のターボプロップ機のように固定翼で飛行する。回転翼は折り畳め、空母ではない強襲揚陸艦の飛行甲板にも10機程度が運用可能となる。

垂直離着陸機はいち早く1950年代から開発が始まった。オスプレイの原型ができたのは70年代。「水陸両用の戦闘、地上戦闘に投入する兵員補給能力の改善を図る航空機」が海兵隊の運用要求だった。

81年、当時のワインバーガー国防長官が多用任務の垂直離着陸機の開発を決定した。ベル社とボーイング社が開発に当たり、米4軍とも採用の計画だったが、途中から陸軍は撤退した。コスト高と機体の脆弱性などが理由という。

オスプレイ1号機は89年3月に初飛行。年を追って改良機が生産されたが、墜落・死亡の大事故、その後の飛行禁止が繰り返された。試作・開発段階で3件の死亡事故が起き、「未亡人製造機」と言われた。改善を加え量産に入ったのは2005年からで、各軍に順次実戦配備されていった。空軍用のCV22は、構造は9割まで海兵隊仕様と同じだが、隠密作戦のための難地形飛行用レーダーや生存者探索システムが付いている。

89年の初飛行から1カ月後、チェイニー国防長官は、高費用を懸念して計画を4回も打ち切ろうとしたものの、議会側が同調せずに失敗した。その背景には軍産複合体からの圧力があったとみられている。

オスプレイはヘリモードで離陸し、上空で回転翼・エンジン部分を前方に傾けながら速度を上げ、固定翼・水平飛行へと転換する。このモード転換は自動飛行操縦システムによる運用だが、転換の手順を適正に行いながら操縦する技術は難しいとされる。オスプレイ操縦者はヘリや固定翼機などで相当な訓練を受けた後に就く者が多いのは、新しい操縦システムに慣れるのは容易ではないからだ。推進した森本敏・元防衛相が自著で、「高度な技量」「熟練度の高い操縦技量」が求められると指摘しているので間違いない。

操縦の難しさは事故につながりかねない。海兵隊機が2012年4月、モロッコで訓練中に墜落、2人が死亡した事故では、操縦士が回転翼を動かすスイッチを一瞬長く押し過ぎたために発生したとされる。普通のヘリでは許容範囲内の操縦が、オスプレイでは重大事故につながる事例だという。米軍からは機体には問題なく、人為的ミスとされたのだったが。仮にも、「航空産業が生んだ最高の飛行機」（海兵隊航空群司令官）が、人為的ミスはあり得ることを前提にした設計にはなっていないのだろうか。

コンピューター操縦のため臨機応変の機動性に欠け戦場では危ない事態に陥ることがあると、米専門家のアーサー・レックス・リボロ氏が、09年6月の米下院監査政府改革委員会で詳細に証言した。国防長官官房をサポートするNPO国防分析研究所の部長で、MV22とCV22・オスプレイの主任分析官だった。

氏によると、転換モードや垂直離着陸モードになっているときに敵の攻撃をかわすのに必要な動作を行えない。唯一可能な回避行動は機首の方位を保ちながら素早く固定翼モードに転換することだが、ミサイルか銃弾が前方から来るとしたら、危ないと話している。リボロ氏は機体両側に回転翼がある構造が飛行制御を複雑にし、低速飛行時に強風や操縦ミスが発生すれば誤作動が生じやすくなるとも指摘。先のモロッコ事故は今後も起こり得ると証言した。

●事故が示す〝欠陥〟

米軍は飛行機事故を重大さの順で3段階に分類する。クラスAは搭乗者の死亡か200万ドル以上の損害事故、クラスBは重い後遺症が残る負傷者発生か50万ドル以上の損害事故、クラスCは軽傷者発生か5万〜50万ドルの損害事故。機体が大破した16年12月の墜落事故はクラスAの重大事故だった。事故の軽重分類・件数はあくまで米軍側を基準にしているが、住民にとっては機体墜落や何らかの落下物が大問題だ。事故率の高さは明らか。

オスプレイのこれまでの主な事故をたどる。米兵の死者は累計で40人を優に超している。

【開発・試作段階】

▼1991年6月、2人負傷＝米ボーイング社の飛行試験センターで、初飛行の試作機が離陸時に制御不能になり墜落。飛行制御システムの配線ミスが原因。

▼2000年4月、19人死亡＝米アリゾナ州の砂漠地帯にある空港で、海兵隊が非戦闘員の夜間救出訓練中、着陸のために降下中に制御不能で墜落。前方を飛んでいた別のオスプレイとの衝突を回避しようと急に減速・降下したことで発生した気流の影響。

【実戦配備後】

▼2010年4月、4人死亡・16人負傷＝空軍のCV22がアフガニスタン南部の砂漠地帯で、夜間、敵の背後に隠密着陸しようとして失敗し横転。被弾、砂の巻き上げなどが原因に挙げられた。この事故をめぐっては、空軍上層部が事故調査委員会に圧力をかけ、事故原因をエンジン出力低下に操縦ミスを加えた両論併記に改ざんした疑惑がある。

▼12年4月、2人死亡・2人重傷＝海兵隊機がアフリカ北部・モロッコ南西の訓練場で墜落。兵員輸送のため沖合の強襲揚陸艦から発進、兵員を降ろした後に上昇、ホバリング時に事故に。モード転換時の操縦ミスが原因。

▼15年5月、2人死亡・20人負傷＝米ハワイで、海兵隊機が訓練中に着陸に失敗、炎上。ホバリングした際、巻き上げた砂をエンジンが吸い込み停止。海兵隊はこの事態を予測して飛行規程にも注意を喚起していたが、この事故後、より厳格にした。

▼17年1月、1人負傷＝イエメンで夜間、対アルカイダ作戦中の海兵隊機が着陸に失敗（ハードランディング）。この作戦自体では1人戦死、3人負傷。

▼17年8月、3人死亡＝普天間所属の海兵隊機が豪州東部の沖合で墜落。強襲揚陸艦に着艦の際に海に落ちる。乗員26人のうち23人は救助。機体自体が起こした気流の乱れで揚力失う。

こうした事故事例から浮かび上がるのはオスプレイの脆弱な側面（傍線で表示）だ。

①夜間や砂漠地帯での事故が目立ち、砂漠でもないのに自機が巻き上げた砂の吸い込みでも死亡事故に至る。

②ヘリモードから固定翼モードに転換した際（逆も同様）も鬼門になっている。オスプレイは離着陸の度に飛行モード転換が必要なのに、である。

③戦場での機動性にも問題がありそうだ。オスプレイは輸送用なので、攻撃用は後方搭載の機関銃1基だけ。強固な防御力も持たず、作戦にはFA18ホーネットの支援が必要だ。

④当初、考えられたほどの揚力や搭載能力がなく、機体の重さが足かせになっている。

⑤コンピューター操縦で、複雑なマニュアル習得と高度技量が要る。これは半面で、厳しい局面に陥った際、操縦士の咄嗟の判断による操作が極めて難しいことを意味する。墜落するほかないだろう。

米空軍の例だが、戦場には行けないオスプレイの〝欠陥〟が示されたのは13年12月の南スーダン内戦。空軍特殊部隊のCV—22オスプレイ3機が反政府勢力支配地域に取り残された米国民約30人の救出に飛んだが、反政府ゲリラに銃撃され乗員4人が負傷し撤退。翌日、ゲリラ側と交渉して攻撃しない確約をとった上で、通常ヘリをチャーターして救出した。オスプレイの機体は薄く、手持ち銃でも危ない。

●安全網の欠如

オスプレイの安全性でよく問題になるのは、エンジンが停止した万一の際、「オートローテーション機能」がないことだ。ヘリコプターのエンジンが停止しても、機体降下時に気流を受けて回転翼を回し、揚力を発生させて、何とか無事に着陸する機能のこと。乗員の生存を確保できる残された唯一の道だ。

ところが、左右2基あるオスプレイの回転翼直径は、一般ヘリよりかなり小さい11・6メートル（CH46ヘリは15・5メートル）。降下する機体を翼の揚力で支える機能が期待できない。回転翼をあまり大きくできないヘリ・飛行機両用モードの構造的宿命だ。加えて、機体と積載量を合わせた最大離陸重量は23・8トンとCH46の2倍以上ある。

オートローテーション機能は米国防総省・米軍の当初の運用要求には入っていた。だが、何度設計してもこの機能での生存可能な着陸はできないことが判明し、２００２年には開発要件からはずされてしまった。国防総省内のシンクタンク、国防分析研究所が書いた03年内部報告書によると、「1回だけ試みたV22のオートローテーション機能は惨めにも失敗した」とある。テストデータは恐ろしい降下率で地面にたたきつけられることを示したのである。

ここで海兵隊はMV22の開発打ち切りか、認めるかという問題に直面。飛行機を生かすことを選び、「大惨事から生き延びるための責任を設計者からパイロットへと大幅にシフトした」と『タイム』誌（07年9月26日号）は指弾する。

この点について、海兵隊とボーイング社は「2基のエンジンが停止する事態はほとんどあり得ないが、必要とあれば、オートローテーションに頼らない。航空機モードで滑空着陸できる」と説明する。

この際には、回転翼が大きく折れて機体に穴を開けることがないよう、ずたずたに裂ける設計がなされている。

だが、緊急時の飛行モード転換も大きな問題を孕む。垂直離着陸から固定翼モードへの転換には12秒かかり、この間、1600フィート、500メートル近く落下する。それ以下で飛んでいるときに全パワーを喪失すると、大惨事を引き起こすことになる。

パイロットはオートローテーションをシミュレーター以外で練習したことはない。実機での練習を飛行マニュアルが禁止しているのは、あまりに危険だからにほかならない。

こうしたオートローテーション機能の欠如は、民間の輸送機だったら連邦航空局の耐空性の要求を満たせない重大な事態になる。日米の航空法違反だが、米国では「軍用機の特権」で、日本では「日米地位協定による特例」によって問題が表面化しない。

オスプレイは生産が続いている以上、多くの改善が施されてきたことも事実だろう。だが、配備に当たっての安全性に関する日米合意を無視し、100デシベルを超す騒音を記録する住宅地上空の飛行や夜間飛行、物資吊り下げ訓練を我が物顔にしている。日本政府が沖縄県民に説明した最低安全高度500フィート（約150メートル）は守られず、米軍の運用は200フィート（約60メートル）もあり得る内容となっていることも判明した。「戦争」を前提にした軍隊の、植民地視が透ける。

●米の世界戦略背景に

米国は2011年、これまでの世界戦略を見直し、その重心をアジア・太平洋地域に移す軍事・外交上の「リバランス政策」を打ち出した。日本・韓国・オーストラリアなどの同盟国との関係を再強化して米国のプレゼンスを高める狙い。軍事的には、日本などとの防衛協力によるオスプレイ配備やXバンドレーダー設置の「前方展開」、陸海空の戦力と特殊部隊の能力強化などの「戦力投射」が図られる。アジア全体の「面的抑止」政策の中核となるのが海兵隊で、戦力強化の手段がオスプレイ導入だとする。

海兵隊には、開発に時間がかかってもオスプレイを戦略的に必要とした歴史がある。海兵隊は1985年、「水陸両用戦態勢戦略」を提唱。戦略中枢を海洋に展開する海上基地から相手方の沿岸内部200マイル（約320キロ）の目標を直接攻撃する態勢を目指し、これを可能とするオスプレイの開発を急がせた。その発端となったのは1980年の在イラン米大使館員の人質救出作戦の失敗であった。作戦に当たったのは、砂漠の作戦に慣れていない空軍のRH53D掃海ヘリ。空母から十分な「足」を有するヘリがあれば失敗は避けられたと判断、この教訓からオスプレイ開発に本腰を入れた。

第2の要因は01年9月11日の米同時多発テロ事件以降、中東や湾岸の作戦を遂行する上で従来のヘリでは作戦上の制約が生じてきたため。作戦地域は広大で航空基地も多くなく、垂直・短距離離発着で輸送力の大きいオスプレイが必要とされた。

普天間飛行場に配備されたオスプレイの任務は、主力の第31海兵遠征隊（31MEU）が強襲揚陸艦（佐世保基地）に搭乗して海軍の空母機動部隊と共に任務を遂行▽来援する海兵隊部隊と連携して作戦に従事▽アジア太平洋地域における水陸両用作戦や特殊作戦、人道支援・災害救援――などである。

海兵隊文書「展望と戦略２０１５」（09年策定）では、オスプレイの広域的な能力を高く評価、沖縄への配備は地球規模の作戦を遂行するための「一歩」となるとしている。また、横田基地には空軍の特殊作戦用のオスプレイ飛行隊を創設し、18年から順次計10機を配備。首都圏にも不安が広がる。敵地深く進攻するオスプレイは、日本防衛・沖縄防衛のためではないことは明らかである。

普天間飛行場には12年10月から、計24機が相次いで配備された。同基地の第36海兵航空群の傘下にある。沖縄本島の訓練場所は、北部訓練場、中部（キャンプ・ハンセン、キャンプ・シュワブ地域）、伊江島補助飛行場の強襲揚陸艦の甲板を模した施設など約50カ所のヘリパッド。このほか、北部訓練場の地形飛行ルート（21キロ）も使用、樹林や地形に隠れたところを飛ぶ。高江6カ所のヘリパッドでは年間計２５２０回、伊江島の専用施設では年間５００回余りの訓練が計画されている。

日本政府は中期防衛力整備計画（14～18年度）に高価なオスプレイ導入を盛り込み、約３６００億円で17機の購入を進める方針だ。日本は今や、米国製の攻撃的兵器の主要な購入者だ。

自衛隊によるオスプレイ配備推進の結果、万一の危険性は全国に広がる。東北から沖縄にかけて6ルートある米軍の低空飛行訓練に機動性の低いオスプレイが加わるからだ。山間をはうように飛行するのだが、仮に民間のヘリや谷間のケーブルを見つけても回避できるかどうか危ぶまれる。

オスプレイの普天間への配備ばかりか、高江のヘリパッド使用も、文字通りひた隠しにしてきた日本政府。〈辺野古ノー〉の沖縄の民意をよそに、「辺野古が唯一の解決策」と米トランプ政権に尻尾を振っていった安倍晋三首相。おかげで米政権には、「辺野古はもう済んだこと」との空気が流れる。日本政府も同様に、強権的に埋め立て工事を進める。

翁長雄志知事は、オスプレイ墜落事故をめぐって、「十分な説明がないまま飛行や訓練が再開された」と憤り、オスプレイ全機の撤去を求めていく考えを示した。

県や県議会は事件や事故の再発防止のため、米国、日本政府、沖縄県の3者による「特別対策協議会」設置を求めたが、安倍政権からは冷ややかに受け止められた。

【注】

（1）『沖縄タイムス』17年2月2日付

（2）『AERA』17年1月2日号

【主な参考文献】

真喜志好一・リムピース＋非核市民宣言運動・ヨコスカ『オスプレイ配備の危険性』（七つ森書館、2012年）

石川巌ほか『オスプレイとは何か』（かもがわ出版、12年）

森本敏『オスプレイの謎。その真実』（海竜社、13年）

赤旗政治部「安保・外交班」『狙われる日本配備　オスプレイの真実』（新日本出版社、12年）

4、「沖縄と核」密約、度々の危機

～「再持ち込み」消せぬ疑念

米軍統治下の1959年、米軍那覇サイト（現那覇空港）で、核弾頭を搭載した核ミサイルが誤射され海中に着水したことが、2017年秋のNHKスペシャルでスクープ報道され、県民を驚愕させた。万一核爆発したら「那覇は吹き飛んでいただろう」との米兵の証言内容もあった。

そこへ18年3月、在米日本大使館の元公使（現・外務事務次官）が、米国の戦略に対する09年の意見聴取で、沖縄への核兵器再持ち込みの可能性を肯定する日本としての見解を示していたことが判明。さらに、県民の不安、憤りを広げた。

近年研究が進む「沖縄核密約」では、米国は危機の際には核を再持ち込みする「権利」を有し、その基地名として嘉手納、那覇、辺野古が明記されていることが分かっている。日米両政府が辺野古を断念しない理由と核に関係があるのかないのか、疑念を孕む事態である。こうした問題を受け、沖縄では17年11月、各種団体・個人が結集した「核兵器から命を守る沖縄県民共闘会議」が結成された。今後、核の有無の調査などの運動を進める。

●「核の島」再び容認

沖縄への核再持ち込みを容認した元公使は秋葉剛男氏。現在は外務省の事務方トップの要職にある。秋葉氏らが見解を示したのは、米連邦議会が設置した「米国の戦略態勢に関する諮問委員会」（座長・ペリー元国防長官）が２００９年2月、在米日本大使館関係者3人を対象に意見聴取した場である。諮問委はオバマ前政権による新たな核態勢の見直し策定に向けて設置された。会議のやりとりは機密扱いだったが、米国の科学者らで作るＮＧＯ「憂慮する科学者同盟」のグレゴリー・カラキ上級アナリストが諮問委による概要メモを入手し、その内容を明らかにした。

その席で秋葉氏は、米国が戦略核弾頭を日本との事前協議なしに削減することは日本の安全保障に逆効果になると指摘。米側が「沖縄かグアムへの核貯蔵庫を建設することについて日本の考えはどうか」と問うたのに対しては、「そうした提案は説得力があるように思う」と述べ、沖縄への核再配備に理解を示した。

カラキ氏は、米海兵隊が14年に作成した内部文書「自然資源・文化資源統合管理計画」で辺野古弾薬庫の再開発を明記していることに触れ、「沖縄に核が再配備される可能性は否定できない」と警鐘を鳴らす。その選択肢をなくすためにも「辺野古新基地建設計画は阻止しなければならない」(1)と強調している。

この内部文書によると、普天間飛行場の県内移設計画に伴い「新たな任務に対応できるよう、キャンプ・シュワブおよび辺野古弾薬庫を再設計・拡張する」と、両施設の再配置の必要性に言及し

「13の弾薬庫を取り壊し、12の新たな弾薬庫と武器の組み立て区画を設けることが含まれ、大規模な土木工事と未開発の土地の造成を伴う」としている。「新たな任務」が何を意味するかは明らかではないが、辺野古弾薬庫にかつて核兵器が貯蔵されていたこととの関連を想起させずにはおかない。

米議会諮問委で秋葉氏らは3枚の書面を提出、その中には小型核保有を促す要望「米国の抑止能力の望ましい特性」がある。また、前年・08年10月にも行われた意見聴取の際の質問「日本は対地攻撃用核巡航ミサイル・トマホーク（TLAM—N）を必要とするか」に対する回答では、このミサイルには有用性（隠密性のある海洋配備や低爆発力）があり、廃棄を決めるなら、その能力をどう穴埋めするか日本側と協議してほしいと踏み込んでいる。本来、核廃絶を目指すべき被爆国日本が、核抑止論に固執する姿勢が露わだ。

かくして、トランプ政権が18年1月に発表した核政策の指針「核戦略見直し」（NPR）では、秋葉氏ら日本側の要望の趣旨に沿ったように、「使える」小型核開発を明記。先の質問にあったTLAM—N退役の代替として十分な抑止力のある戦術核弾頭を迅速に開発、新型の潜水艦発射巡航ミサイル（SLCM）により抑止力を強化するとしている。

「核なき世界」を目指すとした前オバマ政権の方針を大きく転換し、国際社会が求める核軍縮の流れに背を向けた行為だ。だが、河野太郎外相はこの新核政策を「高く評価する」との談話を発表。被爆者団体や有識者から強い抗議と批判を浴びた。

先のカラキ氏も18年4月の東京都内での記者会見で、核の傘に頼る日本の姿勢を核軍縮への「障害」

と批判した。

老朽化した核戦力を最新鋭化する方針を打ち出したトランプの米国。米国の核戦力削減に反対し、その維持を秋葉氏らが要請した日本国――。カラキ氏は「日米両政府が1969年に交わした核再配備に関する密約が現在も生きているとすれば、米軍は危機の際に核兵器を再び（沖縄に）持ち込める」(2)と指摘した。

河野外相は秋葉氏の発言に関する事実関係を否定している。だが、米議会諮問委メンバーでクリントン政権時の大統領特別補佐官、モートン・ハルペリン氏は「（発言の）メモは正確で信頼できる」(3)と証言している。

●沖縄核密約の構造

日本への沖縄返還交渉に際し、日米間に「核密約」があったことは今や疑いようがない。1969年11月、沖縄返還後に「緊急事態」が発生した場合、米軍が沖縄に核兵器を「再持ち込み」することを事実上認めた密約だ。ホワイトハウスで行われた日米首脳会談で、当時の佐藤栄作首相とニクソン大統領が執務室の小部屋に移って秘密裡に取り交わした。

米政府も公式には全く認めていなかった核密約が2015年、米国防総省が刊行した公式の歴史文書で、存在が明記されたのが新しいことだ。公刊したのは同省「歴史オフィス」で、戦後の歴代長官の任期中の出来事をシリーズで記述。レアード長官時代の歴史をまとめた第7巻の「東アジアの変化」の章で沖縄返還について触れた個所に以下のように出て来る。
沖縄返還協定に基づき、核兵器撤去費用として日本は3億2千万ドルを支払うことで合意したと説明した後、「米国は（核）兵器を撤去するが、危機の際にはそれらを再持ち込みする権利を維持した」（カッコ書きは筆者）と密約の存在を明確に示す記述になっている。沖縄返還に伴う公表文書には核兵器持ち込みに言及した文書は当然なく、これは国防総省が密約の内容を公然と認めたことに他ならない。
両首脳の署名入りの密約文書「合意された議事録」正文そのものは09年12月、読売新聞のスクープで日の目を見た。佐藤元首相は在任中は官邸に、退任後は自宅に保管していたという。

それには、
米国政府は日本を含む極東諸国で重大な緊急事態が発生した際、「日本国政府との事前協議の上、沖縄への核兵器持ち込みと通過の権利を必要とする。（中略）米国政府はまた、既存の沖縄の核貯蔵地である嘉手納、那覇、辺野古、そしてナイキ・ハーキュリーズ基地（現在なし）をいつでも使用できるよう維持し、重大な事態の際には活用することが必要となる」とある。

これに対し、
日本側は「日本国政府は、大統領が重大な事態の際に必要とすることを理解し、そのような事前協議が行われる場合、遅滞なくこれらの必要を満たす」と応じる文書内容になっている（カッコ書きと傍線は筆者）。

取り交わされた秘密文書には、米国の核持ち込みには早急に同意すると〝事前予約〟されていた。秘密交渉に当たったのは、米大統領補佐官のキッシンジャーと佐藤首相の密使だった若泉敬・京都産業大教授。米側は核再持ち込みを事前通告するだけで実行しようと考えていた。だからこそ、先の国防総省発刊の歴史文書に再持ち込みを「権利」と明記していたのだろう。核密約に関する情報は米政府内で一定程度共有されてもいた。だが、日本側としては「事前協議」で提案する形にしてほしいと若泉が粘ったのだった。

沖縄核密約の存在をめぐっては、まず若泉が1994年に自著『他策ナカリシヲ信ゼムト欲ス』（文藝春秋社）で詳細に暴露した。翌年には、NHKスペシャル「戦後50年その時日本は　沖縄返還」放映。70年に米統合参謀本部議長に就いたトーマス・モーラーのインタビューで、重大な緊急事態に際しては密約によって「核兵器を再び沖縄に持ち込む権限を与えられるのです」との証言を得ている。米側とのこうした秘密合意議事録は2種類作成され、米国務省が機密扱いで保管していることも分かっている。

では、なぜ核密約が交わされたのか。佐藤首相は沖縄返還に政治生命をかけ、「核抜き、本土並み」を唱えていた。だがキッシンジャーは返還交渉が始まって3カ月後、若泉密使に緊急時の核兵器「再導入と通過」を保証しなければ返還に応じないと伝えていたといい、「沖縄の核」を軍事戦略上極めて重要視していた。

佐藤首相の肚《はら》の中は有事に核再持ち込みが必要な場合、それを認めることで固まっていたとされるが、それを共同声明などで公に述べるわけにはいかない。一方で、沖縄返還の目標は何としても達成したい、そのジレンマから「密約やむなし」に。「核抜き」の大義は沖縄を裏切る欺瞞に大きく変貌した。

民主党政権となった2009年11月、外務省は四つの密約調査のための有識者委員会を立ち上げた。検証対象は、沖縄返還交渉時に交わされた密約、有事の際の沖縄への核兵器再持ち込み▽米国が支払うべき軍用地の原状回復補償費の肩代わり。あと二つは1960年の安保条約改定時に交わされた密約（米軍による日本への核持ち込み、朝鮮半島有事における在日米軍基地からの戦闘作戦行動）であった。

翌年3月に結果が公表され、沖縄核密約を除く3件は密約と認定。核密約については「必ずしも密約とはいえない」との結論が出された。その理由として①佐藤首相が私蔵し後継の首相に引き継がれなかった、②佐藤・ニクソン共同声明（第8項）の内容を実質的に超えるものではない、ことを挙げる。しかし、これが「私文書」というのなら、あのような秘密交渉を重ね秘密文書を交わすはずはない。

●機密の核部隊・核兵器

復帰前の「沖縄の核」をみていく。米国防総省が沖縄での核保有を公式に認定したのは2015年6月になってからだ。1967年時点で、アジア太平洋地域で最大規模の1300発を保有していたとされる。米軍の嘉手納弾薬庫地区と辺野古弾薬庫。

広大で樹林に覆われた嘉手納弾薬庫地区に核の大半が貯蔵されていたとみられる。核貯蔵庫特定の決め手は、外部からの侵入を防ぐ二重フェンスで囲まれている▽出入り口を一カ所に制限▽夜間警戒用のライトが外側を向く▽精密機器劣化を防ぐ空調設備が設置—など。辺野古弾薬庫の米軍地図には核兵器貯蔵庫は「スペシャル・ウェポン」（特殊兵器）と表示されているという。

新藤健一（『週刊金曜日』18年3月2日号「沖縄にいま核はあるか」）によれば、嘉手納弾薬庫地区で核貯蔵の疑惑が持たれるのは、上屋式の「4009」棟。同基地に所属する第400弾薬整備中隊には核兵器専門要員もいる。辺野古弾薬庫では覆土式半地下貯蔵庫「1097」が核貯蔵庫との疑いがあり、ゲート近くの駐車場地下にある「1001」棟には核兵器取扱専門部隊が常駐する。また、キャンプ・シュワブのバラック棟「1018」の中庭には核シェルター入口の階段があった。

厚い機密のベールに包まれた核部隊と核管理。1972年、不破哲三（当時、共産党書記局長）が、入手した米軍の内部資料を元に機関誌『前衛』（5・6月号「沖縄基地と核兵器」上・下）でそのベールをはがしている。復帰前のことながら、沖縄がいかに「核の恐怖」の下にあったか浮き彫りにされる。

それによると当時、海兵隊・第3海兵師団と空軍・第18戦術航空団のいずれも核攻撃能力を持ち、核戦闘訓練を繰り返していた。海兵隊の火砲は核・非核両用で、空軍の戦闘機F105とF4は、ともに核装備していた。嘉手納弾薬庫地区は空軍・第400弾薬整備部隊が、辺野古弾薬庫は陸軍・第137軍需品補給中隊が核を貯蔵・管理。沖縄の米軍基地はアジア各地に緊急展開する〝踏み石〟の役割を担っていた。

Ｆ１０５とＦ４の『飛行操典』には詳細な爆弾積載要領が掲げられ、核爆弾は「特殊兵器」として10種類の爆弾名が列記されている。戦闘機部隊が核攻撃部隊であることは、『飛行計画書』で明らか。対地攻撃訓練が大きな比重を占め、模擬核爆弾の投下訓練が伊江島で頻繁に行われていることが確証された。72年1月にもＦ４編隊による模擬核爆弾「ＢＤＵ―８／Ｂ」の投下訓練が確認された。これは米国が施政権返還後も同航空団を戦術核戦力として配備しておこうとしていることを示すと不破はみる。

作業計画書の分析からは、１００を越える核爆弾貯蔵庫が兵器部の管理下にあることが突き止められ、三桁にのぼる核爆弾が貯蔵されていたとみられる。結果、空軍・嘉手納基地は極東のどの地域に対しても核攻撃できる緊急態勢を常時整えた基地であることが具体的に示されたとする。

もう一つの戦術核戦力に第３海兵師団がある。装備する火砲、１５５ミリ榴弾砲と8インチ榴弾砲は核砲撃を行える〝原子砲〟で、実際に核砲撃訓練している資料も入手したとしている。同師団は71年４月、南ベトナムから再度移駐してきた。以上が不破の論考。

ベトナム戦争時、戦略爆撃機Ｂ52は嘉手納から出撃していた。65年7月、台風からの避難を名目に30機が飛来、そのままベトナムに向かったのが最初だった。Ｂ52の無差別爆撃で沖縄は「悪魔の島」とベトナム人民から呼ばれた苦い歴史がある。米軍は解放戦線との戦闘に苦戦、68年2月には沖縄配備の核兵器使用を検討していたともされる。

●「あわや」の核の恐怖

２０１７年9月10日午後9時から放映された「ＮＨＫスペシャル　沖縄と核」。テレビを見ていた沖縄県民は肝を冷やしたことだろう。

１９５９年6月19日、米軍那覇サイトで、核弾頭を搭載した核ミサイル「ナイキ・ハーキュリーズ」が発射に備える訓練の最中、兵士が操作を誤ってブースターに点火し水平に発進、海に突っ込んだ——。こう、当時現場付近にいた元整備兵（81）の証言を伝えていた。幸いにも核爆発は免れ、発射火薬で操作員1人が即死、5人が負傷した。核弾頭は広島型原爆を上回る規模の20キロトン。ナイキは海中から密かに回収された。

大惨事につながりかねない事故だったが、米軍は徹底して隠蔽。ＮＨＫが入手した内部文書には、知られたら「米の国際的地位を脅かす」とあった。翌日の地元2紙の紙面は米軍発表を元に、ミサイル発射寸前に発火し死傷者がでたとの報道だけで「核」には触れられていない。

核ミサイル・ナイキは嘉手納基地と弾薬庫を防護するため沖縄本島8カ所に設置されていた。核によって核を守る危険な態勢だった。

さらに、東西冷戦下の62年10月、米国と旧ソ連とが核戦争寸前までいったキューバ危機。その時、中距離弾道ミサイル「メースＢ」基地（金武町）は極度に緊迫したことを、元部隊兵士の証言から明らかにする。ミサイル8基は標的をソ連の友好国・中国に向け、いつでも発射できる態勢にあった。発射されたら、沖縄がソ連から核反撃されただろう。

女性アナウンサーのナレーション「沖縄が核戦争の瀬戸際に立たされていたことが浮かび上ってきました」。この時沖縄は、間違いなく核の恐怖の最中にあった。

エンディングで国防長官だったレアード氏は言った。「沖縄に核を持ち込む密約、それを選んだのは日本だった」

68年11月19日。県民を本当に核の恐怖と怒りの渦に陥れたのは、B52の墜落事故だった。午前4時過ぎ、嘉手納基地をベトナム北爆に飛び立とうとした1機が離陸に失敗、飛行場東側の弾薬庫搬入ゲート付近に墜落して爆発炎上。「ドカーン」という轟音が7、8回響き地面が波打った。爆風は近くの民家を揺るがせ、百数十戸のガラスが割れるなどの被害を与えた。

乗員2人が重傷、住民5人負傷。機体は、わずかあと2、3秒で核が貯蔵されている弾薬庫に突っ込んでいたといわれる。B52は、同年2月から嘉手納に居座っていた。

沖縄が米核戦略体制に組み込まれた恐怖。民衆が立ち上がった。同年12月、140を超す団体からなる「命を守る県民共闘会議」が結成された。B52撤去と沖縄から一切の核兵器撤去、原子力潜水艦の寄港阻止を掲げ、翌69年2月4日の「二・四ゼネスト」へ向け島ぐるみの民衆蜂起が開始された。

しかし、ゼネストは革新・屋良朝苗主席の回避要請でぎりぎりの段階で断念させられた。決行した場合に施政権返還が遅れる、B52は夏ごろ移駐される見通しがある、ことが理由とされた。ただ、3万人が結集した「二・四ストライキ統一行動」が実施され、「核」に対する強い「ノー」の盛り上がりを示した。米国の沖縄返還構想は本来、「核付き基地自由使用」だったからである。

ゼネスト計画日直後の2月9日、那覇市で「第3回沖縄県高等学校弁論大会」が開かれた。23人の高校生が熱心に語った主題の多くが、B52、核、原潜、祖国復帰問題だった。

首里高校2年、高良なるみさんは「核への恐怖」と題して演題に立った。

「黒い殺人機B52」の墜落事故とゼネストについて取り上げていた。沖縄から飛び立つB52がベトナムの人々を殺していること、核貯蔵庫近くに墜落した事故により体で感じた恐怖から「B52撤去」のプレートを1日も欠かさず付けていることを述べている。ゼネストは「自らの生きる権利を認めさせる最後の手段」「米軍基地に抗議することによってベトナムの人々の生命をも守るものだと考えて」いた。共闘会議が掲げた要求を県民が結集して実現するよう訴えて締めくくり、説得力がある。

●核の使用計画次々

沖縄に最初に核兵器が配備されたとみられるのは1953年。軍人出身のアイゼンハワーが大統領に就任したその年の7月、朝鮮戦争への対応を話し合う国家安全保障会議（NSC）で、アイゼンハワーが緊急時に備えて核兵器を沖縄に配備することを指示した。冷戦の最中、アイゼンハワーはソ連に比べ優位を保っていた核兵器を積極的に用いる方針を打ち出した。

当時はまだ大陸間弾道ミサイル（ICBM）や潜水艦発射弾道ミサイル（SLBM）など、長距離核攻撃を行う技術が開発されておらず、米軍は核兵器を前線基地に配備する必要があった。対象となったのが沖縄。米統治下で朝鮮半島や台湾といった共産圏との対立を抱えた地域に近かったからだという。

翌54年から始まった台湾海峡危機をめぐり、米国で核使用の可否が俎上に上る。中国沿岸にある台湾領有の諸島（金門島や馬祖島）をめぐる中国と台湾・国民党政権との紛争で、第1次の危機では中国は台湾の後ろ盾となる米国との全面戦争を回避する。

第2次の危機は58年8月。中国が金門島を攻撃した際、米国の支援を阻止する海上封鎖を行えば、核爆弾を対岸の福建省廈門《アモイ》に投下することを統合参謀本部議長がアイゼンハワーに提案したとされる。核使用は結局断念されたが、空軍は核攻撃態勢を取り、嘉手納基地では9月、F101戦術戦闘機「ブードゥー」の胁腹にMk7核爆弾がセットされたという(4)。

また、米海兵隊が60年代、沖縄に保管していた核兵器を米戦略によって密かに米軍岩国基地（山口県）に持ち込み、政治問題化が懸念され再び沖縄に戻されたこともあった。

沖縄の核兵器は66年、戦車揚陸艦サン・ホアキン・カウンティ号に積載されて移動、岩国基地沖合500メートルに停泊して一時保管された。朝鮮半島や台湾での有事には、揚陸艦の底部に保管していた核を攻撃機に搭載して出撃する戦略だった。しかし、60年に改定された日米安全保障条約で、日本国内における装備の重要な変更や核兵器の貯蔵・配備などは日米間の事前協議が必要だった。このためライシャワー駐日米大使が強く抗議して撤去を申し入れ、67年に同艦は沖縄に帰還したという。

米核戦略専門家で平和活動家のダニエル・エルズバーグ氏（86）が沖縄タイムスの取材に明らかにした。「米軍占領下の沖縄に押し込むことで、問題の解決を試みた米側の思惑が浮き彫りになった」

と記事（２０１８年3月22日付）は指摘する。

冷戦期、米国は核によるソ連への反撃力を強化するため海外基地に広く核配備する戦略をとり、日本返還（１９６８年）前の東京都・小笠原諸島の父島と硫黄島にも50年代から60年代にかけて、核兵器を配備していたことが分かっている。

では、沖縄にあった核兵器はどうなったのか、密かに貯蔵しているのではないか、地元県民の中には疑念が残る。現在、核は沖縄にはないとみられているが、72年5月の沖縄返還後の6月になって撤去されたものも多々あったとされる。

密約問題に詳しい春名幹男は、米軍は有事の際には佐藤首相が署名した密約に従って核を当然持ち込めると受け取っているとみる。密約文書には緊急時に核再持ち込みする基地の一つとして「辺野古」が挙げられ、それは「権利を維持した」と明記されているからだ。「辺野古が、核再持ち込みのため『いつでも使用できるよう』スタンバイしている状況にある」（『世界』２０１６年6月号「新資料・沖縄核密約」）

辺野古新基地建設計画では滑走路とヘリパッドに加え強襲揚陸艦が接岸できる２７２メートルの護岸が整備され、核が貯蔵された辺野古弾薬庫が後背にある。基地機能の強化で、密かに持ち込もうとすればその条件はそろっている。

こう見て来ると、「それにしても」である。米国の「核の傘」に過度に依存し、対米従属を強める日本政府の核兵器に対する姿勢のことだ。

国際社会は17年7月、核兵器禁止条約を122カ国の賛成多数により国連で採択した。同条約は前文で「ヒバクシャ」に言及、核兵器の使用や開発などのほか、核による威嚇も禁止、「核は悪」「非人道的」との規範を示した意義が大きい。条約成立に貢献した国際NGO「核兵器廃絶国際キャンペーン」(ICAN)は17年のノーベル平和賞を受賞した。

ところが日本政府はこの条約に不参加、核廃絶に後ろ向きと言わざるを得ない。そして、米トランプ政権が出した「核兵器依存戦略」を日本は高く評価した。この文脈からは、沖縄に核が再持ち込みされる事態があり得ないとは言えない。

【注】

(1)(2)『沖縄タイムス』2018年3月6日付

(3)『沖縄タイムス』18年3月15日付

(4)新藤前掲『週刊金曜日』

コラム 【普天間飛行場移設問題】

工事を強行する辺野古新基地

米軍普天間飛行場は沖縄本島中部・宜野湾市にあり、面積481ヘクタールで市面積の約25%を占める。周囲に住宅や学校が密集した「世界一危険な基地」。ヘリコプター部隊を中心に、新型輸送機MV22オスプレイ24機などが所属する。

移設の出発点は1995年、米兵による少女暴行事件。反米軍基地の県民世論が沸騰、日米両政府は日米特別行動委員会（SACO）を設置。翌年の最終報告で、普天間飛行場を含む11施設、約5千ヘクタールの返還に合意した。だが、政府が事実上の県内移設を「条件」とし、返還は進んでいない。

元々は名護市辺野古の海上に、撤去もできるヘリポートを造る計画。それが2006年、沿岸を埋め立ててV字形滑走路を造る現行案が閣議決定された。09年、鳩山政権は「最低でも県外」を掲げて県外・国外移設を模索したが、翌10年に断念を迫られた。

13年12月、当時の仲井真弘多知事が埋め立てを承認、仲井真氏は県民から「公約違反」との激しい批判を浴びる。14年11月の知事選で「辺野古阻止」を掲げて圧勝したのが翁長雄志氏。

翁長氏は15年10月に埋め立て承認を取り消し、その後、国と県の訴訟合戦の様相を呈した。国と県はいったん和解したものの、16年7月に国が改めて県を提訴。同12月、最高裁は翁長知事が承認取り消しの撤回に応じないのは違法だとする国勝訴の判決を下した。

これを受けて国は中断していた埋め立て工事を直ちに再開。現在進む護岸工事は17年4月に始まった。辺野古現地では、建設資材搬入阻止の座り込み、海上ではカヌー隊による阻止行動が連日行われている。国側は大量の機動隊員を動員し、強圧的な警備を続ける。

II章　沖縄差別の軌跡

5、昭和天皇と沖縄の道程

～「国体第一」がもたらしたもの

敗戦によるサンフランシスコ講和条約が調印された1951年9月8日朝、昭和天皇は調印式の模様をラジオの特別番組で聞いていた。2014年に公表された『昭和天皇実録』(全61冊)は、こう記す。同条約第3条には沖縄などの領域の「処理」が規定され、条約発効と共に日本国から切り離された。丁度4年前のこの月、米軍による沖縄の長期占領の希望を米国側に提案した「天皇メッセージ」が出された。日本が共産化して「皇統」が危機に瀕することを恐れ、沖縄の米軍基地化による日本防衛を願っていたためだ。戦前から戦後に至るまで、昭和天皇の大命題は「国体護持」だったことが、研究者らの『実録』読み込みで改めて示された。それを助けたのは沖縄の恒久的な基地化だった。

●「沖縄戦」に天皇期待

沖縄戦から70年余。住民を巻き込んだ、かつてない凄惨な地上戦だった。「皇軍」による住民虐殺や集団自決、「陸の特攻」の肉弾戦、根こそぎ動員などの出来事は全て天皇制に深く関わっていた。

敗色濃い1945年1月20日。大本営はフィリピン喪失後の新しい作戦計画を天皇に上奏し決定した。秋以降に本土攻略作戦が開始されると想定し、作戦の目的は「皇土特ニ帝国本土ヲ確保」。南千島や小笠原諸島、沖縄諸島などを本土防衛の「前縁地帯」として持久戦を行う計画で、沖縄は「皇土」には入っていなかった。

戦争の前途を憂慮した天皇は2月に入ると、重臣ら7人を順次呼び出し、戦局について上奏させた。平沼騏一郎に始まり、広田弘毅、若槻礼次郎などで、近衛文麿元首相の「近衛上奏文」(2月14日)が良く知られる。近衛は敗戦必至とし、英米の世論は「国体の変更と迄は進み居らず」と上奏したのに対し、軍部は米国が国体変革も考えていると観測しているがどうか、と天皇は「御下問」している。戦争終結の上奏には、「もう一度戦果を挙げてからでないと、中々話は難しいと思ふ」と戦局の好転に期待を寄せていた。

天皇はこの時期、「米軍をぴしゃりと叩くことはできないのか」と側近に繰り返す。天皇は梅津美治郎・参謀総長ら統帥部のいう「台湾決戦」「沖縄決戦」に期待した。

日本の支配層が敗戦必至と認識していたはずのこの時期に戦争を止めていれば、沖縄戦は避けられた。だが、連合国が天皇制にどう対するか見極めようと、無意味な時間が過ごされた。飢える戦地や空襲で逃げ惑う国民一人ひとりの命は見えていない。

沖縄に「鉄の暴風」が襲ったのは、ひと月余り後。米軍は3月26日、慶良間諸島に攻撃を開始し、4月1日に本島中部西海岸に上陸作戦を展開した。1千隻を遥かに超す艦船で「海が埋まった」。兵力は支援の海軍部隊を合わせると54万8千人にものぼる大部隊だった。対する沖縄第32軍は総兵力11～12万人だが、精鋭の第9師団を前年11月、台湾に引き抜かれていた。兵力補充はなく、天皇を守る本土決戦へと見捨てられた形となった。

第32軍は持久戦の計画通り、ほとんど抵抗せずに上陸を許す。4月2日、梅津参謀総長が戦況上奏を行った際、天皇から「敵の上陸を許したのは、敵の輸送船団を沈め得ないからであるのか」と質された。今回の『実録』ではさらに、翌3日、「現地軍が攻勢に出ない理由を尋ねられ、兵力不足なら逆上陸を敢行しては如何とご提案になる」と記し、天皇が攻勢に出ないことを叱責し、無抵抗にいらだつ様子が分かる。これを受け大本営は4日、天皇が沖縄作戦に「御軫念《ごしんねん》」（ご心配）と打電し、北・中飛行場の奪回を求めた。第32軍は何回かの攻勢を強いられるも中途半端で失敗し、無用な消耗を重ねた。

ついに第32軍は6月19日、「最後迄敢闘し悠久の大義に生くべし」と最後の軍命令を出し各隊各個にさらなる戦闘を命じる。組織的な抵抗は終わったものの、降伏が認められなかった日本兵と、「友軍」による避難壕占拠・虐殺、「天皇」の名をかざしての食糧強奪などで住民の犠牲者は増え続けた。

沖縄戦では特攻作戦が航空攻撃の主役となったのも特徴で、「志願」から事実上の「命令」に変質した。

約2900機（うち特攻機1900機＝「成功」は250機、13％）を失い、約4400人の若い命が犠牲になった。天皇は航空特攻作戦に最後の期待をかけ、出撃には「御嘉賞の御言葉」が贈られた。

●「和平」の捨て石

沖縄で勝機をつかんで和平へ、それ以外は無条件降伏を強制されるだけである――鈴木貫太郎首相は常に天皇に、こう上奏していた。

沖縄本島南部に撤退した第32軍が壊滅する前、1945年6月8日の御前会議ではなお、「徹底抗戦・本土決戦」の方針が決定された。翌9日、内大臣木戸幸一は「時局収拾の対策試案」を上奏、天皇は「速やかに着手すべき旨を仰せになる」（『実録』）。木戸の案とは、中立だったソ連を仲介とした連合国との和平交渉である。

近衛文麿を特使にソ連に派遣しようとしたが、ソ連からは受け入れを拒否された。当時ソ連は、5月7日のドイツ降伏を受け、「ヤルタ密約」による対日参戦の準備に動き始めていたことを日本は知り得なかった。

近衛が7月15日にまとめた「和平交渉の要綱」の条件の項では、「国土に就いては、（中略）止むをえざれば固有本土を以って満足す」と記す。さらに「固有本土の解釈については、最下限沖縄、小笠原、樺太を捨て、千島は南半分を保有する程度とすること」と説明している。天皇は前年9月26日、木戸に「ドイツ屈服等の機会に名誉を維持し、武装解除又は戦争責任者問題を除外して和平を実現できざるや、領土は如何ようでもよい」と語っており、その基本方針に沿った内容だ。沖縄はここでも、本土から「捨てられる」対象だった。

天皇はぎりぎりの段階までソ連を通じた和平に望みをかけていたことが、『実録』でも分かった。だが、ソ連はすでに4月、日ソ中立条約の不延長（翌年4月まで有効）を通告していた。8月8日に宣戦布告、ソ連軍は怒涛のように旧満州（中国東北部）に侵入したのだった。

米軍は一方、沖縄作戦と同時に南西諸島の占領と軍政実施を宣言し、戦闘中から占領地域の住民を計16カ所の収容所に収容。住民がいない間に土地を占拠して本土攻撃用の基地を建設していく。米統合参謀本部は早くも45年10月時点で、沖縄や小笠原などを日本から切り離し、「戦略的統治」の下に置くべきと決定していた。そして冷戦下、米軍首脳は「沖縄の無期限保持」を表明し、49年ごろから本格的な基地建設に取りかかる。

●「長期貸与」の提案

戦後30余年になって、県民はさらに大きな衝撃を受ける。昭和天皇が１９４７年９月に沖縄の「長期貸与」を米側に申し出ていたことが、『世界』（79年4月号）の論考で明らかにされた時だ。同19日付の『実録』によると、宮内府御用掛・寺崎英成が連合国総司令部（ＧＨＱ）外交局長のシーボルトをこの日訪問し、寺崎は天皇が沖縄及び他の琉球諸島の軍事占領の継続を希望していることを伝えた。「その占領は米国の利益となり、また日本を保護することにもなるとのお考えである旨、さらに、米国による沖縄等の軍事占領は、日本に主権を残しつつ、長期貸与の形をとるべきであると感じておられる旨……」。メッセージの原文では、「長期」とは「25年ないし50年、あるいはそれ以上」とある。

映像・文化批評家の仲里効は「沖縄はいわば、この〈主権〉の二重化によって日本に排除されつつ包摂された、ということになる」とし、これが日本国家の沖縄統治の基本構造の結節点だと指摘。「日本の和平のために沖縄を『捨て石』にした冷徹な論理」をみる。そこに書き込まれているのは、『戦争責任』の免責と『国体護持』、そしてそれを保障する『対米従属』であることは言を俟たない」(1)。3点の指摘は鋭い。

シーボルトは、天皇メッセージをGHQ最高司令官・マッカーサーとマーシャル米国務長官に早速報告した。当時米国では、連合国の「領土不拡大」原則に基づき沖縄を日本に返還すべしと主張する国務省と軍事戦略的立場から沖縄の事実上の併合を求める軍部とが対立していたが、このメッセージが妥協案の形となった。天皇の意図は、日本外務省を超えて米国の沖縄統治の政策決定過程に大きな影響を与えたのだという。

シーボルトに天皇メッセージを手交した際に寺崎は、「私見」を付加し、沖縄の軍事基地権獲得が連合国の対日講和条約の一部としてではなく、日米の2国間条約でなされるべきとの考えを示した。

寺崎はさらに翌年2月27日、シーボルトに対し日本の安全保障に関わる「見解」を表明。南朝鮮（韓国）、日本、沖縄、フィリピンなどの「外殻防衛線」を築いて、共産ソ連の侵攻を防ぐ極東戦略を提示した。米国側は事実上の「天皇見解」と受け止めた。天皇が米国の軍事力による日本の安全保障、安保条約を強く期待していたことを如実に表す。沖縄はその戦略の「要石」の位置にある。

「かくして、昭和天皇にとっては、戦後において天皇制を防衛する安保体制こそが新たな『国体』となった」（豊下楢彦『昭和天皇の戦後日本』）。後年も天皇は「アメリカが（沖縄を）占領して守ってくれなければ、沖縄のみならず日本全土もどうなったかもしれぬ」（79年4月19日）と侍従長の入江相政に述べている。

●沖縄犠牲に憲法9条

戦後の日本の統治体制については、連合国間には対立があった。その過程で、沖縄の米軍基地＝憲法9条＝昭和天皇が等式になった。どういうことか。

マッカーサーが天皇制の存置に力を注いだことは良く知られている。既存の統治機構を利用する間接統治で占領政策をやりやすくするためと、天皇制廃止による日本の政治勢力の急進化を恐れたとされる。だが、明治憲法体制のような国家統治の「総覧者」では連合国と極東委員会（日本占領管理の政策決定機関）が納得するはずはない。将来の日本軍部復活を懸念する豪州やソ連などのほか米国内にも天皇の戦争責任論が根強くあり、米国務省も明確な結論を出していなかった。そこで、マッカーサーは天皇を象徴的な存在にし、再度の侵略性の芽を摘む憲法改正が必要と考えた。

強硬な豪州が天皇訴追への動きをみせたことから、マッカーサーは1946年1月25日、米統合参謀本部に「天皇に戦争責任の証拠なし」「天皇を排除するならば、日本は瓦解するであろう」と機密緊急電報で報告した。

ところが、日本政府に任せた憲法改正の試案「憲法改正要綱」（松本案）が、明治憲法と骨格が変わらない保守性に驚いたGHQは2月、急きょ自ら憲法の改正作業に着手した。マッカーサーが民生局に示した改正の3原則は①天皇は国家の「最上位」、②戦争は放棄、③皇族を除く封建制度の廃止、だった。

周到な事前準備と優れた法律スタッフを擁していたことから、憲法草案はわずか1週間で仕上げられた。民間の憲法研究会案なども参考にされた。

ホイットニー民政局長は日本政府側への提示に際し、天皇を戦犯として取り調べるべきだとの他国からの強い圧力があることを指摘。「最高司令官（マッカーサー）はこのような圧力から天皇を守ると決意したもので、新憲法が出来れば『天皇は安泰になる』」と草案の核心を説明した。松本案に対しては、事前に奏上された天皇も否定的な見解を侍従次長に示していた。

2月下旬に極東委員会開催が迫っていた。天皇制廃止の国際世論を封じるため、政治権力のない「民主的な天皇」へ憲法改正の既成事実作りが急を要していたのである。

新憲法第9条で戦争放棄した場合、日本の安全をどうするのか——。その役割を担わされたのが沖縄の基地化であった。「マッカーサーにとって『戦争の放棄』とは、沖縄に軍事要塞化を強い、本土のみに適用される憲法で『戦争の放棄』を可能にした、と見ることができる」（古関彰一『平和憲法の深層』）。彼は48年、日本の再軍備を目指して来日した米国務省と国防総省の高官にも、沖縄を要塞化すれば「日本本土に軍隊を維持することなく、外部の侵略に対し日本の安全を確保することができる」と述べている。

戦争を放棄した新憲法について、極東委の第1回会議（2月26日、ワシントン）では、マッカーサーの独断的やり方に「権限逸脱」との批判が起こった。しかし、内容に関してはとくに異論は出ず、かくして天皇制の存置が可能となった。

こうした沖縄観が「天皇メッセージ」につながるとともに、沖縄の犠牲の上に平和憲法と第9条、天皇制が確保されてきたといえる。

●政治的だった天皇

昭和天皇は戦後も、「統治権の総覧者」（明治憲法規定）意識が抜けない能動的な動きをみせる。マッカーサーとは、すこぶる緊張してGHQを訪れた1945年9月27日の会見を初回に、半年に一度ほどのペースで会見し、計11回にも及んだ。会見は「国体護持」のかかる天皇側から申し出たといわれ、両者の議論は具体的で高度に政治的だった。初回、「責任、すべて私に」という天皇発言の真偽は明らかではないが、天皇免責の政治的文脈から現れた。

天皇は5月31日の2回目の会見でマッカーサーに、天皇制が維持される新憲法作成への助力に対する謝意を述べた。4回目（47年5月6日）には、アメリカの軍事力による日本の安全保障を期待しており、日米安保条約締結への基礎を築く形となった。最後の会見はマッカーサー帰米前夜の51年4

月15日に行われ、天皇自身の戦犯訴追が回避された東京裁判への尽力に謝意が述べられたとされる。

天皇は後任のリッジウェイ司令官とは1年ばかりの在任中に7回も会見。51年9月18日の第3回会見では、講和条約と日米安保条約の成立を絶賛している。これで日米両国が協力して共産主義に対抗、「国体」が守られると思ったからで、55年8月20日の『実録』には、内奏した重光葵外相に「米軍撤退は不可」と発言したと記される。安保条約成立前、独自チャネルによる「二重外交」で、米軍駐留を密かに働きかけていたことも研究者により判明している。

昭和天皇は平和主義者でもないし戦争主義者でもなかったと、昭和史家の保阪正康は指摘。「彼にとって一番大事なのは『皇統』（皇室を中心とした日本の歴史）を守ることです」(2)と述べている。そのことを端的に表す言葉が日米開戦を前に緊迫した時期、41年9月5日の『実録』にもある。

この日、大本営は6日の御前会議の議案「帝国国策遂行要領」をまとめ、上奏した。要領は①米英に対し戦争を準備、②これと並行して日米交渉を進める、③10月上旬になっても交渉成立の目途がつかない場合は米英に対し戦争を決意、というもの。

だが、天皇は外交交渉を優先した上で①にすべきと考え、戦争の行方をめぐって参謀総長らを叱責。無謀なる戦いを起こすことがあれば、「皇祖皇宗に対して誠に相済まない」と強い口調で勝算の見込みを尋ねたのである。統帥部はこのままだと自滅の道を辿るので「死中に活を求める手段」として開戦を選択というあやふやな説明に終始する、有名なやりとりだ。

天皇の危機感はここでは、「日本国」でも「国民」でもなく、天皇歴代の祖先「皇祖皇宗」に向けられている。結局、上奏書類は裁可され、日本は圧倒的物量を持つ米国相手の戦争に突き進む。11月5日、そして12月1日の御前会議を経て開戦となる。

大元帥としての責任感、軍人としての天皇の資質は戦争を通じて大いに示されたと山田朗（日本近代史）はみる。戦況を知悉して十数例にのぼる作戦計画に口を挟み、内容を左右する影響を与えたり、「戦果」があがると勅語で賞賛したりした。沖縄戦が始まると焦慮から作戦内容に立ち入り、かえって作戦の混乱を招いたとも分析する。「天皇の戦争責任はまさに国家の戦争責任の中核」(山田)だった。天皇は、最後の頼みの綱とした沖縄戦が無残に終結し戦争遂行能力がなくなった6月中旬ごろ、「終戦」を覚悟したとみられる。

7月26日付で米英・中華民国による「ポツダム宣言」が発せられた。即決を迫られる事実上の最後通牒だったが、政府・大本営はそうは受け取らずに、なおソ連の「仲介」に一縷《いちる》の望みを託し、ずるずる回答を引き延ばした。その間、広島と長崎には「新型爆弾」が投下され、大阪などが猛爆に見舞われた。

8月10日午前0時3分。深夜の御前会議で、「天皇の国法上の地位存続」のみを条件に受諾の「聖断」がやっと下された。「聖断」方式は事実は天皇発案ではなく、宮中グループによる働きかけだ。受諾をめぐり、「国体護持」に加え日本軍の自主的武装解除など4条件を主張する軍部と政府側との対立が膠着状態になっていた。

昭和史に詳しい半藤一利は、天皇は本土決戦を主張する軍一部の反乱を恐れながらも必死の思いだったと御前会議の模様を推察。「戦争終結がほんとうに剣の刃渡りのような危険をやっと乗りこえて達せられたものであった」ともみる。明らかな「敗戦」だったが、玉音放送は「終戦」を告げ、侵略戦争の責任を今日まであいまいにする根源となった。

戦後は51年ごろまで、天皇の退位問題と絡めた「戦争責任」論議があった。天皇はこれに関し表明する機会を持ちたいと考えていたとみられ、宮内府（49年から宮内庁）が「謝罪詔勅草稿」を作成している。草稿に終わったが、「朕ノ不徳ナル、深ク天下ニ愧《は》ヅ」の言葉とともにあるのは「祖宗《そそう》及万《ばん》姓《せい》ニ謝セントス」とある。ここでも、謝罪すべき対象はまず「祖宗」、すなわち皇祖皇宗であり、「万姓」たる国民は後になっている。

昭和天皇は1987年の沖縄「海邦国体」に出席が予定されていた。沖縄戦を忘れない県民世論は割れたが、念願していたという沖縄入りは病気で実現せずじまい。皇太子時代の1921年3月6日、欧州5カ国訪問旅行の途次、軍艦香取で横浜港から沖縄に寄港し5時間程度上陸したことがあるものの、全国の都道府県で唯一沖縄県訪問をしていない。

沖縄の人々にとって天皇は本来、「ヤマトの王」。琉球の「王」は「琉球王国の王」である。従って明治期、琉球王国を併合（琉球処分）した日本国は植民地政策同様に皇民化教育を進めた。本土に先駆けて1887年、天皇の「御真影」をまず県師範学校に「下賜」し、各小学校には児童が拝礼する「奉安殿」が設けられた。御真影焼失で切腹した校長犠牲者も出た。ヤマトへの屈折した同化意識が県民にも浸透した悲劇だった。

【注】

（1）『世界』2014年11月号

（2）『毎日新聞』14年9月9日付、豊下『昭和天皇…』引用

【引用・参考文献】

豊下楢彦『昭和天皇の戦後日本』（岩波書店、2015年）

豊下楢彦『安保条約の成立―吉田外交と天皇外交―』（岩波新書、1996年）

藤原彰編著『沖縄戦と天皇制』（立風書房、87年）

半藤一利『「昭和天皇実録」にみる開戦と終戦』（岩波ブックレット、2015年）

山田朗『昭和天皇の軍事思想と戦略』（校倉書房、02年）

原武史『昭和天皇』（岩波新書、08年）

古関彰一『平和憲法の深層』（ちくま新書、15年）

林博史『沖縄戦が問うもの』（大月書店、10年）

田中伸尚『ドキュメント　昭和天皇』全8巻（緑風出版、1984～1993年）

6、沖縄—台湾—朝鮮 皇民化の軌跡
～帝国日本の植民地支配

「琉球は長男、台湾は次男、朝鮮は三男」。沖縄の歴史家、比嘉春潮《ひがしゅんちょう》（１８８３－１９７７）は１９１０年の韓国併合に対する「万感」の衝撃を日記（９月７日付）にこう記した。日本の対外進出のモデルともなった１８７９年の琉球併合（琉球処分）を皮切りに、帝国日本が支配を拡大した軌跡を示す。そこには琉球民族同様に、抑圧されたそれぞれの民族への悲哀、苦悶に対する思いが込められたはずだ。しかし、帝国日本の側からはやがて、「三兄弟」が協力して「内地」を守る「外壁」となる必要性を強調する文脈で用いられた。

植民地政策の軸となったのは天皇制イデオロギーを浸透させる皇民化教育、日本への同化だ。日本語の使用と改姓の強制で自らの言語と民族文化を奪われ、「人的資源」として戦時動員された。台湾、朝鮮へと続く植民地政策で、琉球／沖縄はその先例となった。背後には、「文明国・日本」の優越意識から来る根強い差別感が横たわる。

●「先例」の沖縄―言語・風俗の同化

植民地政策でまず手掛けられるのは言語の同化である。コミュニケーションの道具であるだけでなく、その国・地域の文化や歴史を形成してきたものだからだ。日本語を強制し、民族の言語とアイデンティティーを奪う戦略だ。

琉球を併合した明治政府は、生活様式や言語、思想が日本内地とは異民族のように異なり統治上困難とみた。そこで1880年、日本語が話せる教員養成の「会話伝習所」(師範学校の前身)を設け、同時に小学校も開設して「大和口」の教習を始めた。教員は当初、全て他府県人だった。同様に他府県人が占める沖縄県当局は、言語風俗を内地と同一化することが「当県施政上ノ最モ急務」とした。各教育段階で「会話」という科目が設けられたのが特徴で、標準語と沖縄語を逐一併記した会話を載せた教科書が使われた。

同化教育について、81年に任命された第2代県令の上杉茂憲は「高尚ノ学科ヲスルニ非ズ」とし高尚な学は不要で従順忠良なる臣民を育成し、言語を内地と「通同ナラシメ」、一日も早く天皇制国家に取り込む大切さを述べている。植民地差別からくる、この国家方針はその後の台湾、朝鮮でも一様に貫かれた。

80年代前半、読谷山《よみたんやま》小学校の地域では、学校のことを「大和屋」と呼んでいたといい、沖縄の人が学校を日本による統治の拠点とみなしていたことを示す。断髪などの大和的風俗が広まっていくのも、ほかでもない学校からであった。

皇民化教育も早速始まる。琉球はかつて琉球王国であり、天皇及び天皇制とは無縁だ。明治政府は87年、天皇の「御真影」を師範学校に置く。天皇制国家の「臣民」教育体制を整えた教育勅語が公布（90年）されるよりも、前のことである。御真影は3年後、県内各小学校にも配布。正門と校舎の間に設けられた立派な耐火建築の「奉安殿」に収められた。

だが「大和口」はなかなか広がらない。県当局は、日中戦争開始で国民精神総動員運動が打ち出された1937年から、標準語励行運動を率先して展開した。南洋移民や軍隊内での、沖縄方言に対する差別・蔑視も背景にあった。併せて方言撲滅運動が行われ、一時廃止されていた方言札が復活した。

標準語励行のために方言を撲滅してもよいとする県当局に対し、地方文化に目を向けた民芸運動の柳宗悦らは日本古語が方言に残り文化的価値もあるなどとして反対、40年に沖縄方言論争が起きる。

柳は方言ではなく、「沖縄語」と呼称。県当局は「県外にあっては標準語は命より2番目に大切なものだ」と主張、県民からも柳への反論が出た。この論争を大田昌秀は「強制された皇民化教育の一側面であり、軍国主義の高揚と並行して、皇民化の名のもとにすべての沖縄色が排除されていく序曲であった」(1)と見る。

満州事変以降、きな臭さが増すとともに、学校教育は国家主義・軍国主義的傾向を強める。毎朝の朝礼では全職員と生徒が東方に向かっての宮城遥拝が義務付けられた。

県は国民精神作興を目的に風俗改良運動にも力を入れた。出征兵士の運勢を占うユタは非公認の宗教活動として特高が弾圧したり、墳墓・葬式は洗骨の風習を止めて本土のように埋葬にと促されたりした。沖縄芝居やモーアシビ（若者の野原遊び）もやり玉に挙がった。

さらに、姓名・呼称の改正運動である。大正中期頃から展開され、沖縄の独特な姓や独特の読み方が本土には分かりづらく、差別やトラブルの原因になりやすいためとされた。県教育会は「姓の呼称改正に関する審査委員会」を設けて37年、変えるべき姓として84例をあげた。戦争協力への国策運動として強制力をもって推進された。

沖縄内部からも同化志向が生まれた。先頭に立ったのは師範学校出身の沖縄人教員や知識人。皇民化教育は結果、沖縄戦での集団自決や「殉国」の悲劇を招いた。第32軍は軍人軍属を問わず標準語以外の使用を禁止し、沖縄語で談話した者はスパイとみなして「処分」を命じた脅迫と恐怖が悲劇を増幅した。

天皇制国家への同化と忠誠――。差別からまぬがれるために、その選択が迫られた。台湾、朝鮮へと続く民族の葛藤である。日本人化したとしてもなお、差別はなくならず裏切られる構造が待ち受ける。

●「進展」の台湾―日本語教育を徹底

沖縄と台湾での皇民化教育の成果は、朝鮮、南洋諸島、中国へと引き継がれ、両地が植民地教育の実験場の役割を果たす結果となった。

琉球を併合した日本が新たな植民地として狙ったのが台湾だ。1871年に沖縄・宮古島の島民66

人が台湾に漂着、うち54人が先住民に殺害された事件を契機に日本政府は清国に賠償を請求。74年に薩摩の西郷従道が率いる日本軍が出兵、台湾南部に上陸して制圧した。

日清の間で、遭難民（この時点、琉球王国は日本の管理下で存続）を日本国民と認め、賠償金を支払うことで和解。日本は琉球の日本帰属を諸外国に認めさせる利点を得るとともに、清国が台湾先住民を「化外の民」と管轄外とした点を逆手にとり、台湾出兵を正当化した。政府公用語では、自らが上に立つ「台湾処分」だ。近代日本の初めての海外侵略で、これを足がかりに「琉球処分」にとりかかる。20年後、日清戦争に勝利した日本は日清講和条約で台湾と澎湖島の割譲を得る。陸軍と軍属軍夫計7万6千人の日本軍が、接収と占領に投入された。「第2次台湾処分」といわれる。当時の台湾の人口は先住民45万人、中国大陸からの移住民255万人の計約300万人と推定される。全土の制圧には5カ月を要した。

台湾を統治した総督は軍事軍政、行政権、司法権を一手に持ち、台湾人から「土皇帝」（専制君主）と恐れられた。植民地統治と台湾人教育が目指していたのは、あくまで殖産興業の労働力養成と同化であり、中高等教育の機会を厳しく制限し、自治や平等意識の高まりを警戒した。施政を預かった民政長官の後藤新平は「教育は諸刃の剣」として、植民地の民には最低限の教育でよいと論じた。義務教育は植民地時代末期、台湾（1943年度）と朝鮮（46年度）でも段階的実施が計画されたが、徴兵制・志願兵制とセットになっていた。

総督府の治安維持は警察政治と恐れられ、相互監視と密告が強化された。後述する朝鮮統治では「憲兵政治」に〝進化〟した。抵抗する先住民らの「土匪《どひ》」には厳罰で臨み、後藤の就任（1898年3月）から5年間だけで、処刑された土匪は3万余とも1万余ともいう。山地先住民や漢族系台湾人の大規模な武力抵抗は、1915年の「西来庵事件《せいらいあんじけん》」で一応終息する。事件は台湾全域に及び、866人に死刑が下された。

植民地教育では、総督府は1896年、台北に「国語学校」、各地14カ所に初等教育機関として「国語伝習所」を設置する。国語学校は教員養成の師範部（後の師範学校）と、中等教育を施す国語部の2部に分かれた。沖縄統治のノウハウが適用されたとみられる。

師範部への入学希望者は沖縄からも多く、沖縄県は受験生のため県庁内に入学試験所を設けた。他方、明治政府は沖縄における皇民化教育（師範学校）の成果をバックに沖縄人教員の自覚を促し、台湾植民地に動員した。

沖縄県は台湾人を同化する教員養成の「講習員」を募集。沖縄人教員は1943年の時点で、400〜500人にのぼった(2)。沖縄は台湾領有の拠点として浮上し、抗日の動きを弾圧する巡査派遣や兵舎や役所、インフラ整備に従事する人夫などの派遣元、先兵ともなった。

日本人向けに「小学校」が設置されたのは1898年。台湾人子弟向けには「公学校」で、3年生以上は日本人教師が就いた。国語伝習所は先住民「生蕃《せいばん》」向けに。7年後、やっと生蕃の公学校入学を許可し伝習所は廃止になった。

重視されたのはやはり日本語教育である。「言語は同化の最大要素なり」（『台湾教育会雑誌』第2号）

とされた。第2次台湾教育令（1922年）では、日本語能力で「国語常用者」と「常用しない者」で入学できる学校を差別。日本語ができない者は人間的にも劣り、差別されても仕方ないとの序列化が図られた。国語常用の「国語家庭」には札がかけられ配給を増額、中学入試でも優遇された。民族意識が朝鮮に比べると薄いためもあってか、歴史教科書では台湾史には一切触れていない。

皇民化運動では、台湾語の使用を禁じて日本語使用を推進。新聞の漢文欄廃止（1937年＝台湾語漢文も随意科目から廃止）、寺や廟の偶像撤廃、台湾神社参拝の強制、台湾の慣習による儀式の禁止など様々な伝統文化の破壊が行われた。

改姓名運動は1940年2月11日の「皇紀二六〇〇年記念日」に開始された。「国語家庭」には特に強制的だった。3年後の時点で改姓は29％に及び、改姓名者には優遇措置があった。

台湾での人種の序列は、内地人↓沖縄人↓朝鮮人↓台湾人となる。総督府は「文明」という言葉を多用、「文明」の中にあるのは日本人であり、漢族に対しては先住民よりは「文明」度合いが高いと差別を重層化した。沖縄の人が台湾で差別的に振る舞うとか、朝鮮の人が満州で中国人に差別的に振る舞うような事例のことである。

40年の大政翼賛会成立に伴い「皇民奉公会」が発足し、下部にある区には区会、部落には部落会がそれぞれ設けられた。総督府はさらに、東南アジア進出の要員養成のため、拓南農業戦士訓練所、拓南工業戦士訓練所、海洋訓練所を設立して、台湾青年を訓練した。

日本は戦争前から南進を準備し、36年には半官半民の国策会社「台湾拓殖株式会社」を設立していた。台湾は南方作戦の兵站基地として軍需関連工業が急伸していく。

●「徹底」の朝鮮―母国語奪い弾圧

台湾を領有した帝国日本は、劣等国視した朝鮮進出を目論む。1905年、日韓保護条約で外交権を剥奪して韓国統監府を設置。これを皮切りに、保安法、新聞紙法、出版法と矢継ぎ早の治安立法で、極めて厳しく反日的言動を取り締まる。

韓国併合を図ると、朝鮮総督は天皇に直隷して立法、司法、行政の三権を掌握し、台湾総督以上の強権を持った。

刑法上でも民族差別をみせ、朝鮮笞刑令《ちけい》(1912年)では、ムチ打ちを「朝鮮人ニ限リ之ヲ適用ス」(第13条)。民族の誇りを損ねる「悪法中の悪法」とされた。言語不審や挙動不審、日本人に対する侮辱、日本人巡査に対する不敬、日本人との言い争いなど、憲兵や警官の恣意的な判断で、全てがムチ打ち刑の対象になり得た。

また、民事「調停」として憲兵や警察が民事事件に介入、在留日本人の経済収奪の後ろ盾になったことも憲兵政治と恐れられた所以である。戦時体制下では、32もの法令の網を被せて抗日的言辞全てが処罰の対象となった。治安維持法による検挙第1号は朝鮮だった。

植民地統治の基本方針は、台湾での試行錯誤の経験を踏まえ、内地の延長ではなく、植民地として扱うものだった。朝鮮を中国への大陸前進兵站基地と位置づけ、朝鮮青年をその「人的資源」とした。

同化・皇民化教育もそのためだ。

教育目的は1911年の第1次「朝鮮教育令」第2条にある「忠良ナル国民ヲ育成スルコトヲ本義トス」(「国民」表記は第3次教育令から「皇国臣民」)。軸となるのは「国語」、つまり日本語教育の徹底だ。以降、第5次にわたる教育令では「国民精神ノ宿ル」日本語を必修とし、教師の指導も日本語でと定められた。

朝鮮でも、民衆には高等教育は必要ないとの民族的優越感がみられた。学校制度は「民度」によるとする民族差別教育が実施され、初等教育では日本人子弟は「小学校」6年、朝鮮人は「普通学校」4年(後に6年)を原則とした。全教育課程では日本人が15〜17年、朝鮮人が11〜12年と、修業年限に差が付けられた。

小学校から朝鮮語使用に対して、罰金や「国語札」が課せられた。日本語を「日本語」と呼ぶことも許されず、「国語」と呼ばなければならなかった。植民地時代末期の国語常用運動(42年5月決定)では、国語常用家庭には「国語の家」の門札をかけて様々な優遇措置をとり、「国語常用章」バッジも出来た。それでも日本語普及率は2割弱にとどまり、朝鮮民衆の民族意識の強固さは支配層を困惑させた。

朝鮮語科目は廃止(43年完全廃止)の道をたどり、民族精神は奪われていく。朝鮮軍(日本軍)の報道部長は朝鮮語の使用禁止だけでなく、絶滅論も唱えている。教科書『初等国史』(37年の再改定版)で朝鮮史は完全に姿を消し、内地の内容を超える皇国史観の記述であふれた。

日本の官憲が朝鮮の文化・言語を抹殺しようとした象徴的な事件は、42年10月の朝鮮語学会事件。朝鮮語の辞典編纂事業を行っていた学会メンバー33人が「朝鮮独立の目的をもって組織した」と治安維持法違反に問われた。判決は朝鮮民族にとって朝鮮語の護持がいかに重要であるかを認識した上で下され、被疑事実を捏造・歪曲し民族の尊厳と研究者の人権を蹂躙した内容である。

総督府はまた、朝鮮神社を設立して児童生徒に参拝を強制、キリスト教主義の学校には宗教教育を禁じた。創氏改名を強制してさらに民族精神を突き崩す。学校の入学や進学に際し創氏改名していないと受け付けないこともあった。結果、改名届け出は8割余りにのぼった。

日本人教員と朝鮮人教員とは待遇に差があり、日本人は6割増しの給与に。授業料や学校費用は民衆負担で、朝鮮人児童の就学を一層困難にした。39年時点で児童の就学率は約35%だった。日本人教員や一般日本人による朝鮮人蔑視の数々は、総督府官僚も憂慮するほどだったという。

在留の朝鮮で生まれた元教師の池田正枝さんは「子供心に日本人は上の仕事、朝鮮人は下の仕事をして当たり前だと思っていた」「日本人は神の国の人間だから、その日本人の考えに協力しないような民族は殺されても仕方ないというのが当時たたきこまれた教育です」「(密告がこわくて) 家庭の中でも本当のことは云わない」(3)と証言、自らが行った教育を問うている。

●外地の戦時動員―志願から徴兵へ

1936年に朝鮮総督に就いた南次郎は統治目標を①朝鮮に天皇の行幸を仰ぐ、②朝鮮に徴兵制を敷く、の2点を掲げた。「行幸」は朝鮮民衆の同化・皇民化の進展が前提で、「徴兵」はそれを前提に民衆を戦時動員する狙いがある。

日本は朝鮮の戦時体制づくりへ37年10月、「皇国臣民の誓詞」(「我等は皇国臣民なり、忠誠以て君国に報ぜん。以下略」)を作成して誓わせた。翌年2月、陸軍特別志願兵令を公布。朝鮮の青年は「帝国臣民」とされたが日本人のような権利は保障されず、この兵令により、兵役の義務(第20条)だけは「志願」の名の下に強要された。朝鮮軍は中国との戦闘を本格化させた満州事変(1931年)の頃から、朝鮮人を「兵員資源」として利用する研究をしていた。

志願兵に対し、朝鮮民衆内には「日本兵の弾除け」との声が出たが、生きるために志願せざるを得ない状況があった。なぜか。

日本による土地調査事業(1912〜18年)名目の土地収奪で、多くの農民が小作農に転落して農村は貧窮。30年代の日本の経済恐慌が追い打ちをかけ、出口のない小作農民の志願者が8〜9割を占めた。徹底した志願強制策に加え、志願者は当時の新聞・雑誌から「世紀のホープ」「半島青年同胞の亀鑑《きかん》」ともてはやされた。志願者と家族にはここでも優遇措置がとられ、43年度には30万人を超す志願となった。

敗色漂う43年8月、「志願兵」だった朝鮮人にも徴兵令が施行された。軍部には強い民族意識から朝鮮人に銃を持たせることに不安と恐怖感もあったが、総力戦と長期戦に備えて「外地民族ノ活用」が「焦眉ノ急務」とした。実際、軍内の民族差別もあり逃亡が相次いだという。

一方、戦局がまだ急を要していなかった台湾での動員は朝鮮より少し後になった。42年4月、陸軍特別志願兵の徴兵が行われ、青年団の訓練を担当した国民学校の日本人教師らは強制に等しい志願の説得をした。3年間に約6千人が前線に送られ、うち先住民の1800人余が高砂義勇隊を編成した。45年1月、徴兵制が台湾で実施される。狩り出された台湾の軍人は8万433人、軍属軍夫は12万6750人で、戦死戦病死は3万304人にのぼる。

日本本土の徴兵制は、近代的な国民軍創建の必要性がうたわれた明治期、1873年に「徴兵令」として施行された。沖縄県は大幅に遅れた98年の施行となった。置県後も諸施策が遅れていたことから、当時の『琉球新報』や知識人、教育関係者らは「他県並み」として施行を歓迎、啓発に取り組んだ歴史がある。

台湾と朝鮮の徴兵制では、戦時動員の見返りとして、45年に衆院選挙法が改正され、台湾（5人）と朝鮮（23人）に国政参加の道が開かれた。だが、日本敗戦となり行使する間はない。地方議会の設置はいずれにも認めなかった。

「外地」の台湾・朝鮮に対し、「内地」と捉えられる沖縄では、韓国併合の2年後、初の国政選挙が施行された。前後して1909年、府県制特例が導入され県議選が実施、県議会が開会した。『沖縄県史　近代』は「日本植民地統治政策において、地方議会と参政権は『内地』と植民地を厳然と区別する〈壁〉として存在した」と解説する。

●民族の葛藤─差別から脱却図り

植民地帝国日本に対する内部からの同化の論理は、琉球／沖縄では「日琉同祖」論、朝鮮では「内鮮一体」論、台湾では「（日本）民族同化」論があった。強権を伴った民族差別からの脱出を模索するそれぞれの葛藤のなか、「日本人以上の日本人をめざす」という「道」が語られた。差別解消と社会的地位向上へ、残された「道」だった。

琉球／沖縄と日本は起源においては民族的に同一だとする日琉同祖論は明治期、伊波普猷《いはふゆう》（1876─1947）によって体系化された。伊波は「同祖」としながら、独自の「琉球民族」としての自覚と個性発揮を指し示したとされる。

これに先立つのが言論人、太田朝敷《おおたちょうふ》（1865─1938）である。太田は女子教育の振興を強調した演説（1900年7月）で、「沖縄の急務は一から十まで他府県に似せる事である。極端にいえば、クシャミする事まで」という発言が広く知られる。ただ、太田の議論の中核は大和への従属ではなく文明化の推進であり、そのための手段として大和化が説かれた。「クシャミ発言」も大和人からの差別払拭のために「外観の改良」が目下の課題と太田は考えたとの見方もされる。

そこには、沖縄人は「日本人」であると主張し、朝鮮や台湾、アイヌとは異なると差別化する論理があった。こうした皇民化・大和化による「日本精神」の発露が、沖縄戦におけるひめゆり学徒隊などの悲劇を生んだことは一部先述した。

次に朝鮮の「内鮮一体」論。代表する一人、玄永燮は『朝鮮人の進むべき道』（1938年）で、朝鮮人が「日本人以上の日本人」になった時こそ、朝鮮の明るい展望が開かれると夢想した。「その『悪名高い』玄にしてなお、彼の主張の根源には、一見論理の矛盾のようだが、倒錯した民族主義があった」[4]。そこには、差別からの脱出への強烈な意思が根差していたとの見方である。

「朝鮮近代文学の父」といわれる李光洙は、朝鮮人は日本から警戒されずに信頼され、「一人前の臣民として待遇されたいのです」と高唱した。親日派と非難を浴びたが、彼も内鮮一体の中に差別からの脱出を求めたのだとされる。知識人だけでなく、朝鮮の青年たちもそうだった。無論、独立と自由・平等を掲げて全土の民衆が立ち上がった「三・一運動」（１９１９年）は忘れてはならないが。

台湾での「民族同化」は台湾人に「日本臣民」であることを自覚させ、植民地を永続化する狙いがある。大正期まで、民衆には同化は文明化の意味が濃かった。

大正中期、植民地支配の桎梏《しっこく》からの解放運動を展開したのは、日本への留学生が中心だ。留学は１９０１年頃に始まり、15年には３０００人余り、22年には２４００人に激増した。東京に渡っていた民族運動指導者の林献堂（１８８１―１９５６）らが18年、台湾人の解放研究のための政治結社「啓発会」を立ち上げた。２年後、発展的に解消して「新民会」が発足。林献堂らは台湾議会設置運動を起こす。21年に日本の帝国議会に、「台湾議会設置請願書」が提出された。請願運動は34年まで15次にわたるが、民族運動取り締まりが厳しくなり活動は終焉した。

朝鮮と台湾。その民族意識と生きるための日本「同化」との狭間で、「民族の葛藤」に苦悶したのである。

【注】

（1）大田昌秀『醜い日本人』（サイマル出版会、１９９５年新装版）

（2）又吉盛清『日本植民地下の台湾と沖縄』（沖縄あき書房、90年）

（3）アジア民衆法廷ブックレット『教育の戦争責任』（樹花舎、95年）

（4）宮田節子『朝鮮民衆と「皇民化」政策』（未来社、85年）

【主な引用・参考文献】

沖縄県教委発行『沖縄県史　近代』（２０１２年）
鈴木敬夫『朝鮮植民地統治法の研究』（北海道大学図書刊行会、１９８９年）
旗田巍編『朝鮮の近代史と日本』（大和書房、87年）
林景明『日本統治下　台湾の「皇民化教育」』（高文研、97年）
伊藤潔『台湾』（中公新書、93年）
小熊英二『〈日本人〉の境界』（新曜社、98年）

7、源流に帝国日本の植民地観
～「土人」「シナ人」発言

沖縄本島北部にある米軍北部訓練場のヘリパッド（ヘリコプター着陸帯）建設工事現場、東村高江。２０１６年10月18日のこの日は午前中から気温30度、まだ真夏のような蒸し暑いゲート前では、早朝から市民ら約70人が抗議行動を展開していた。座り込んで、砂利を積んだダンプカーの車列進入阻止を図る非暴力の抵抗だ。

市民らは沖縄県警や大阪府警、福岡県警の機動隊の圧倒的な力で排除され、ダンプカーは次々と訓練場へ入った。午前9時45分ごろのことだ。双方が金網のフェンス越しに対峙、緊張が高まったとき、機動隊員の一人が「どこつかんどるんじゃ、こら、土人が」と言い放った相手は沖縄在住の芥川賞作家、目取真俊さんだった。

別の機動隊員は異様な目つきで、抗議行動をしている市民に対し「黙れ、こら、シナ人」と暴言を吐いた。いずれも大阪府警の機動隊員。「土人」「シナ人」という言葉を投げつけた差別的言動は波紋を広げた。

●明治国家下の差別構造

「不可解」と思われるだろうか、大阪府警機動隊員による「土人」「シナ人」発言の源流には帝国日本の植民地主義がみてとれる。なぜか、明治期に遡る。

明治国家は西欧列強のような「文明国」に仲間入りするために、懸命の富国強兵策をとった。対外的には、近代化の進展が日本より遅れた清国、韓国（朝鮮）を「非文明国」として劣等視。1894年の日清戦争で清国を破り、1910年には韓国を併合するに至る。北海道アイヌは、生きるための自然の恵みをもたらす土地を簒奪された。

帝国日本による台湾、朝鮮へと続く植民地政策で、琉球／沖縄はその先例となった。「皇民化」「同化」政策の背後には、「文明国・日本」の優越意識から来る根強い差別感が横たわっていた。

帝国日本と琉球／沖縄との関係からたどる。明治政府は1872年9月、琉球使節が新政府樹立の祝賀式に参列した際、一方的に国王を藩王とする琉球藩設置を言い渡し、併合への道を進む。日本と清国双方に「両属」していた琉球王国の位置付けをめぐり、明治政府内部にも様々な論議があったが、「琉球＝日本専属」に踏み切った。

明治政府は75年7月、内務大丞《だいじょう》の松田道之を琉球に派遣。清国との通交関係（進貢・冊封）の停止などを命令した。これに対し琉球は王国存続と「両属」を強く主張、決着はつかなかった。

琉球併合（琉球処分）は79年3月。明治政府は、琉球が「命に反した」として、500人近くの武力とともに、「処分官」松田を再度派遣（3度目）。首里城明け渡しや藩王の上京、王府書類の引き渡

郵便はがき

料金受取人払郵便

西陣局
承認
7080

差出有効期間
2019年7月
31日まで

（切手を貼らずに
お出しください。）

602-8790

（受取人）
京都市上京区堀川通出水西入

㈱かもがわ出版行

■注文書■

ご注文はできるだけお近くの書店にてお求め下さい。
直接小社へご注文の際は、裏面に必要事項をご記入の上、このハガキをご利用下さい。
代金は、同封の振込用紙（郵便局・コンビニ）でお支払い下さい。

書　名	冊数

ご購読ありがとうございました。今後の出版企画の参考にさせていただきますので下記アンケートにご協力をお願いします。

■購入された本のタイトル	ご購入先

■本書をどこでお知りになりましたか?

□新聞・雑誌広告…掲載紙誌名（　　　　　　　　　　　　　　　　）
□書評・紹介記事…掲載紙誌名（　　　　　　　　　　　　　　　　）
□書店で見て　□人にすすめられて　□弊社からの案内　□弊社ホームページ
□その他（　　　　　　　　　　　　　　　　　　　　　　　　　　）

■この本をお読みになった感想、またご意見・ご要望などをお聞かせ下さい。

おところ　□□□-□□□□　☎

お（フリガナ）なまえ	年齢	性別
メールアドレス	ご職業	

お客様コード（6ケタ）							お持ちの方のみ

メールマガジン配信希望の方は、ホームページよりご登録下さい（無料です）。
URL: http://www.kamogawa.co.jp/
ご記入いただいたお客様の個人情報は上記の目的以外では使用いたしません。

しを求めた。琉球王国は解体、沖縄県が置かれた。

琉球の士族や地方役人の主流は日本併合措置に抵抗した。松田は同年6月、琉球士族らに「沖縄県下士族一般に告諭す」という布告を出した。琉球人としての「旧態」を改め、「日本人」として大日本帝国に忠誠を尽くさない限り、職業も権利も失うと警告。従わない琉球人は「北海道のアイヌ」のように「土人」であるとした。松田の「土人」発言は、言うことを聞いて反抗を止めなさいという脅し文句に使われた。

日本/ヤマトによる琉球/沖縄人に対する「土人」視は1903年の人類館事件で現れた。大阪・天王寺で開かれた第5回内国勧業博覧会（政府主催、3～7月）で沖縄、北海道アイヌ、台湾先住民、朝鮮、中国、インド、アフリカなどからの計32人を「7種の土人」として、学術人類館で見世物にした。沖縄側から激しい非難・抗議があり、沖縄女性2人の「展示」は取りやめられた。

当時の日本は、日清戦争で台湾と澎湖島を獲得し、04年の日露戦争にも勝つという膨張主義の最中にあった。19世紀半ばから20世紀初頭の博覧会は「帝国主義の巨大なディスプレイ装置」。列強が植民地を拡大、支配地域を内外に誇示するために様々な物品が集められて展示された。生きた植民地住民の「展示」もその延長線上として捉えられる。

●南北「植民地」への視線

沖縄でのヤマト同化・皇民化教育は明治維新後20年も経たないうちに始まった。1901年、4

年制義務教育制度（07年に6年に延長）を発足させたのも「尊皇愛国」を知らしめるための就学促進。就学させない保護者には罰金が科せられた。

沖縄の文明化すなわち国民的同化こそが差別克服への道だとの立場から、その推進役となったのは官製教員組織、沖縄教育会であった。半面、教育界の実権は他県出身者に握られ、沖縄出身の教員はよそもの扱いの差別的な状況にあった。また、第2代県令（1881年任命）の旧米沢藩主・上杉茂憲は、沖縄では高尚な学問は不要と植民地視する指摘をした。

沖縄県政では、言語を内地化して一日も早く天皇制国家に取り込む方言撲滅運動が展開されたことも先述した。

「帝国の南門」沖縄で住民への皇民化が行われていたとき、「帝国の北門」北海道ではアイヌに対する同化教育が進んでいた。

「北海道旧土人保護法」は1899年に公布。和人地域とは別の小学校を国庫で建てたが、一般の6年生を縮めた4年生の簡易教育だった。当時の保護法審議の中で、政府委員は「劣等の人種」であるアイヌに対しては高等教育の土台となる教育よりも先ず実地生活に必要な簡易な教育方法が適当との見解を示していた。台湾や朝鮮の植民地教育とよく似ている。差別的な「土人」を冠した保護法が廃止され、新法「アイヌ文化振興法」に引き継がれたのは平成になった1997年であった。

他方、薩摩藩による侵略（1609年）と250年余の間接支配も、琉球に対する植民地視や差別意識を胚胎させた。薩摩藩＝鹿児島県の流れで、1892年から16年近くも続いたのが第8代の奈良原繁による県政。鹿児島県出身の官吏や警察官、教育者が多数採用され、沖縄県民はその下に位置付けられた。加えて、鹿児島や大阪からの「寄留商人」による経済支配も受けた。

●沖縄戦の中の悲劇

日本本土を守るための「捨て石」にされた沖縄戦を「植民地主義の帝国日本」という観点から見たい。日本兵による県民の「土民」視が、虐殺や住民を巻き込んだ夥しい死を招いた。「（米軍より）友軍の方が怖かった」と証言する沖縄県民は沢山いる。

１９４４年3月に創設された沖縄守備軍、第32軍。独立混成第44旅団（球《たま》部隊）以外は、現地住民を恐怖に陥れた中国戦線からの転戦組だ。沖縄本島には第62師団（石部隊）、第24師団（山部隊）、第9師団（武部隊、後に台湾転用）。宮古島には第28師団（豊部隊）が旧満州・中国東北部からやってきた。第62師団は「焼き尽くす、殺し尽くす、奪い尽くす」三光作戦（中国側の呼称）を行った山西省で編成。第24師団は北海道・旭川で編成され旧満州に配備されていて、アイヌの人も含まれていた。

また、第32軍トップは民間人の大量虐殺が問題になった南京攻略戦（１９３７年）に参加している。司令官の牛島満中将は歩兵第36旅団長として、参謀長の長勇中将は上海派遣軍司令部の情報主任参謀として。長参謀長は当時、捕虜の扱いを問われると、「やっちまえ」と命令していた。

中国からの転戦部隊は、中国人を「チャンコロ」と蔑称し、「劣等の中国人」「同じ人間ではない」という意識を上官から徹底的に叩き込まれていたという。罪のない住民を銃剣で刺し殺す「度胸試し」

を多くが経験。強姦・輪姦、殺害などに対する罪の意識を根底的に鈍らせていった。「戦争とはそういうもんや」と。

中国の戦場で培われた「土民」への差別意識と凄まじい〝暴力慣れ〟の兵士感覚が沖縄に持ち込まれたのである。

元日本兵21人が証言している國森康弘『証言　沖縄戦の日本兵』（岩波書店、２００８年）から、その一端をみたい。

近藤一氏は「沖縄の人間はチャンコロ系統という差別意識。中国人に対するのと同じような見方をしていた。それが（沖縄の）住民を犠牲にした一番の悲劇の源かもしれない」。御簾納《みすのう》福三郎氏も「対中国の優越感。それと似たような見下す感情を沖縄住民にも抱く風潮はあった」。「日本人は偉い」と教育されてきたという高島大八氏は「沖縄の住民を戦闘に巻き込み死なせても、何とも思わなかった」と証言している。

渡辺憲央氏は「日本語と異なるような言語を話し、裸足で暮らす」沖縄住民への差別意識が起きたと証言。沖縄出身の兵隊が日本兵に人一倍辛酸をなめさせられたとも説明する。日本兵、沖縄兵、朝鮮兵の序列だった。そうした中で、「沖縄の人は日本人以上に日本人であろうとした」とも渡辺氏は語る。皇民化教育がなせる事態だった。

第32軍の陣中日誌の中にも県民を「土民」と呼ぶ記述が見られる。独立混成第15連隊第2大隊本部による陣地構築計画の中で「主陣地以外ハ成シ売ル限リ土民ヲ利用ス」とある[1]。

●沖縄人総「スパイ」視

第32軍は米軍が沖縄本島に上陸して間もない1945年4月9日、7項目の「会報」を各部隊に出し、第5項目には「軍人軍属を問はず標準語以外の使用を禁ず。沖縄語を以って談話しある者は間諜として処分す」とある。軍は中国や太平洋の諸島民同様に沖縄住民に差別感を持っていたことを示す。「沖縄人は皆スパイだ」と将兵から言われたとの証言は沢山ある。沖縄の住民がスパイをしているという話は軍司令部や部隊本部などでも語られ、「学校教員とか官公吏は皆スパイだ」とする無茶な部隊もあった。

先の『証言』本によると、以下のような虐殺事例が挙がる。米軍に捕虜にされたが集落に戻された者や米軍の依頼で投降勧告をしに来た者、投降しようとした者。野戦病院の壕に親類を探しに来た学生服姿の少年、日本軍将兵が集まる地下壕に迷い込んできた身なりのよい女性……。ハワイやサイパンなど移民帰りの人もスパイ視された。犠牲者は多数にのぼるとみられる。

沖縄人へのスパイ視に対し、作戦参謀の八原博通大佐は自著『沖縄決戦』で「一度としてその証拠があがったためしはなかった」と書いている。

このほか、なけなしの食糧供給や壕（ガマ）提供を渋った者、米軍の宣伝ビラを持っていた者、方言しか使えず日本兵の尋問に答えられなかった者らも無暗に殺害対象になった。壕で泣く乳幼児を母親の手で殺《あや》めさせたり、「3歳以下はこちらで処理」と注射で殺害したりもした。住民が避難していた壕からの追い出し、直後の爆撃死も幾つもの例が知られる。

近年、国頭村の例が判明した。沖縄戦中や戦後に国頭村の3地区で、日本兵が地元住民や中南部からの避難民らをスパイなどの嫌疑をかけ、少なくとも計9人が日本兵に殺害された。村制100周年記念で発刊された村史に、戦争体験者の証言や文献を基にした当時の様子が掲載された。具体的な場所や状況が記録されるのは初めてで、「証言できる住民が年々減る中、貴重な記録となる」と『琉球新報』(2016年11月15日付)は報道している。

第32軍は住民に「軍官民共生共死」を唱導し、長勇参謀長は「全県民特高精神を発揮せよ」と指示した。1945年2〜3月、17歳〜45歳を対象にした根こそぎ動員「防衛召集」が行われた。実際には13歳〜70代まで広げ、2万2千人の6割が戦死。

防衛隊の任務は飛行場や陣地建設だが、戦況が逼迫《ひっぱく》してくると、爆雷を抱え戦車への特攻攻撃や夜襲にも狩り出された。米軍上陸の際の最前線部隊にも防衛隊が含まれ、軍主力が後方待機する中、見捨てられた多くが上陸日に戦死したことを記しておきたい(2)。

目取真さんは「土人」「シナ人」発言を受けて間もなく、『沖縄タイムス』に以下のように寄稿(16年11月3日付)している。

目取真さんは、機動隊員の発言はヘリパッド建設を強行するため、抗議する市民を暴力で抑え込むことを正当化するものと位置づける。政府がやることに反対する輩は力で抑え込むのは当然で、連中は中国(シナ)からカネをもらっている工作員だ、という決めつけだ。ネット上にはこの種のヘイト・デマが氾濫。歴史的にある沖縄への差別と中国脅威論が結びつき、新たな差別意識が生み出されているとする。

「ウチナンチュー(沖縄人)がヤマトゥ(日本本土)の望むように行動すれば評価されるが、意に反して自己主張すればはねつけられ、言うことを聞かなければ力ずくで抑え込まれる。高江や辺野古はそれが露骨に現れる場所だ。だから隠れた差別意識も噴き出す」(カッコ書きは筆者)

差別発言の機動隊員は、ほかからは見えないようにして氏の脇腹を殴り、足を3回蹴ったという。暴言と暴力、沖縄を植民地視する意識が潜在している。

【注】

(1)『沖縄県史　近代』(沖縄県教委、2011年)

(2)林博史『沖縄戦が問うもの』(大月書店、10年)など参照

8、激化する沖縄ヘイト・デマの構造

～「弱者」を攻撃する右派思考

沖縄に対する誹謗《ひぼう》中傷や事実とは全く異なる言説、「沖縄ヘイト（憎悪）」がネット社会を中心に激しさを増している。その怖さを如実に示したのが２０１７年12月、沖縄県宜野湾市の米軍普天間飛行場周辺で起きた2件の米軍ヘリ部品落下事故。円筒形の落下物が屋根にあった緑ヶ丘保育園と、校庭で体育授業中の児童至近に窓が落ちてきた普天間第二小学校に対し、「自作自演のやらせだろう」などと中傷する電話とメールが殺到したことだ。

「そんなところに保育園があるのが悪い」「後から学校を造ったくせに文句を言うな」という罵《のの》りや、「沖縄は基地で生活している。ヘリから物が落ちて、子供に何かあっても仕方ないじゃないか」とまでいう電話……。「日々の騒音や墜落への恐怖に加え、心ない日本国民から『二次被害』まで受ける。あまりに理不尽な仕打ちではないか」（『朝日新聞』17年12月22日付社説）。

●まかり通る「トンデモ論」

沖縄などに対して、デマ・中傷を繰り返す人たちの多くが「ネット右翼」だ。インターネットを舞

台に右翼的・保守的・国粋主義的言動をとる人びとで「ネトウヨ」とも呼称される。新聞を読まずネットの不確かな情報を「真実」と思う人が増え、憂慮すべき事態になっている。彼らによる沖縄ヘイトは沖縄が安倍政権に抗えば抗うほど攻撃性を増し、嫌韓・嫌中と並ぶ「嫌沖」意識が広がる。

沖縄ヘイトで近年、信じ難いくらいひどい出来事は17年1月2日に放送された基地反対運動をめぐるテレビ特集だった。東京メトロポリタンテレビジョン（MXテレビ）の番組「ニュース女子」で、沖縄本島北部に位置する東村高江のオスプレイ着陸帯建設に対する抗議活動を「テロリストみたい」と表現。座り込む人たちは「日当5万円」をもらっているなどと放送した。制作したのは、化粧品大手ディーエイチシーのグループ会社「DHCシアター（現・DHCテレビジョン）」。MXテレビは適正なチェックをしないまま放送した。

まともな取材もしていないのに、抗議活動の参加者が取材に敵意をむき出しにしたという虚偽も流した。国に歯向かう「国賊」のような扱いだった。

批判を受けて番組内容を検証した放送倫理・番組向上機構（BPO）の放送倫理検証委員会は同12月、「重大な放送倫理違反があった」「放送してはいけない番組」とする結論を示した。中核となった事実関係に対しても「裏付けがない」と断じた。これに対し、DHC側は反省するどころか開き直る態度をみせ、結局、デマを流すために作ったのか。

沖縄ヘイトを繰り返す作家の百田尚樹。このDHCが運営するネット番組「真相深入り！虎ノ門ニュース」に出演しており、17年12月12日には、米軍ヘリ部品が屋根に落下したとみられる緑ヶ丘保育園の事故について「調べていくと全部うそだった」「誰かがどっかから取り出してきて屋根の上に置いた可能性が高い」と、またまたデマ情報を繰り出した。

氏は15年6月、自民党本部での講演（若手国会議員らによる「文化芸術懇話会」）で、「(偏向している) 沖縄の新聞2紙はつぶさないといけない」「もともと普天間基地は田んぼの中にあった。基地の周りに行けば商売になるということで、どんどん基地の周りに人が住みだした」という暴言・虚言が批判を浴びた。

だが、その後も全く懲りていない様子だ。17年10月、沖縄県名護市であった講演では、中国脅威論を展開する中で、取材していた沖縄タイムス記者を面前で20回余りも名指しして「中国が琉球を乗っ取ったら、阿部（阿部岳記者）さんの娘さんは中国人の慰み者になります。それを考えて記事を書いてください」と言い放った。この講演では「基地反対運動の中核は中国の工作員」とも述べている。

沖縄県内のマスコミ関係各労組は連名で、百田尚樹が名護市で講演した内容に抗議・撤回を求める声明を出した。基地建設反対運動に中国人や韓国人が参加、それが「怖い」と述べたことを「ゆがんだ民族観がにじんでおり差別的だ」と非難。参加者への日当、中国の工作員の介在への言及は「事実でない陰謀論」と指摘した。

彼の言説は実はネット右翼が流布するものと同じパターンだ。自民党の政治家たちがそれをもてはやす構図である。

もう一人、右派的言動の外国人タレント、ケント・ギルバート。氏は「ニュース女子」を擁護する集会を頻繁に開いたといい、沖縄に関しては「沖縄の反対運動の資金源は中国」とか、「辺野古では100人中30人が在日朝鮮人だ」とか、事実無根の言説を滔々《とうとう》と述べている。彼の嫌韓・嫌中本もベストセラーになっており、悪影響力は大きい。情報源もまともな取材もなしの、ネット社会からの引用が多いとされる。

翁長雄志知事に対する言説もひどい。知事就任前には、「氏はシナ（筆者注・中国の蔑称）から支援を受けている」「知事になれば沖縄が中国に占領される」。就任後には、「翁長知事の長女は中国・上海の外交官と一緒になっていて、もう一人の娘は中国に留学している」「娘を中国に留学させ、中国当局に便宜を図ってもらった」。中国とのつながりをデッチあげようとする悪意が明白だ。

また、ネット右翼に人気を博した元自衛隊航空幕僚長の田母神俊雄は自身のツイッター（15年4月19日）で、「翁長知事の娘さんは北京大学に留学後、上海の政府機関で働く中国人男性と結婚。その男性は中国共産党幹部・太子党の子息だそうだ。翁長氏の普天間基地の辺野古移転反対もこれだと理解できますね」(1)とあたかも事実のように加工された偽情報を流している。

悲しくなるような沖縄ヘイトも書いておかねばならない。うるま市の女性が米軍属に殺害された事件（16年4月）でも、ネット上では被害者を愚弄《ぐろう》し、沖縄を嘲笑するような書き込みがあふれた。ナチスのハーケンクロイツを掲げて「外国人追放」のデモをする極右団体の代表も、あたかも女性の側に非があるような持論をブログに掲載していたという(2)。

●自民内に頻発する妄言

沖縄県内の各首長の胸に強く刻まれた苦い記憶は消せるはずはない。２０１３年1月27日の日曜日、東京都心で起きた口汚い「売国奴」呼ばわりである。普天間飛行場へのオスプレイ配備強行（12年10月）の撤回を安倍晋三首相に求める「建白書」を携え、県内全41市町村長と議長（代理含む）からなる要請団が上京。要請団は日比谷野外音楽堂での集会に参加した後に銀座などを行進、「オスプレイ配備反対」「普天間県内移設反対」を連呼したものの沿道の人たちは無関心に見えた。

行進団が数寄屋橋付近に差し掛かると、日章旗や旭日旗を手にした団体が待ち受けていた。彼らは「琉球人出ていけ。中国のスパイ」「嫌なら日本から出ていけ」「生ごみはごみ箱に帰れ」と罵声のヘイトスピーチ（差別煽動表現）を浴びせ続けた。平穏な暮らしを求める県民の総意を訴えた行進に対するこの仕打ち。参加した首長らの衝撃は大きかった。

翌28日、上京団との面談をためらっていた安倍首相は5分間だけ会い、建白書を受け取ったものの一顧だにされなかった。2月の日米首脳会談では辺野古新基地問題を自ら持ち出し、建設促進を約束してみせたのだった。

今、「辺野古はもう終わったこと」と冷ややかな官邸中枢。沖縄や人権に対する自民内の認識の薄さは近年の数々の妄言からうかがい知れる。

沖縄担当相だった鶴保庸介参議院議員は16年11月、高江のヘリパッド建設反対闘争警備の機動隊員が参加者に対し、「土人」「シナ人」と暴言を浴びせた問題で、担当相でありながら、土人発言を批判せず「差別と断定できない」とあいまいな態度に終始した。安倍政権は閣議決定でそれを追認する統一見解まで出した。「シナ人」呼ばわりはネット右翼の常套句で、この大阪の機動隊員もネット社会の影響を受けていることが容易に想像できる。

そして、菅義偉官房長官である。氏は辺野古新基地建設問題をめぐって県と日本政府との集中協議が行われた15年9月、普天間飛行場が沖縄戦後、米軍に強制接収されて建設されたことが普天間問題の原点だとする県側の主張に対し、閣議後の記者会見で「賛同できない。日本全国、悲惨な中で皆さんが大変苦労されて今日の豊かで平和で自由な国を築き上げてきた」と反論。沖縄地上戦・米軍統治の苦難と、本土の空襲被害・戦後の食糧難などを同一視した発言に受け取れる。この文脈には「沖縄は被害者意識をかさにし、ごね過ぎ」といった自民内の差別意識が隠されている。

さらに17年4月に行われた沖縄県うるま市長選をめぐり、自民党の古屋圭司選挙対策委員長が自身のフェイスブック（FB）で、野党系候補の公約を「市民への詐欺行為にも等しい沖縄特有のいつもの戦術」と批判した。氏は現職の応援のため沖縄を訪問し、その様子をFBに投稿した。蔑視的な「沖縄特有」という言葉を用いて相手陣営を批判した。「沖縄はゆすりの名人」と問題発言（10年12月）した米のケビン・メア元沖縄総領事と同様の沖縄認識である。

松本文明・内閣府副大臣は18年1月25日の衆議院本会議で、沖縄で続発した米軍ヘリの不時着などに関する野党の質問者に、「それで何人死んだんだ」と自席からヤジを飛ばした。死者が出ていなければ「いいじゃないか」との趣旨に受け取れ、副大臣を辞任。沖縄・北方担当副大臣も務めた人物にしてこれである。

少しの発言例を見ただけでも、自民内には辺野古新基地反対運動を「テロリストみたい」と表現した「ニュース女子」程度の沖縄認識が蔓延しているとの疑念を抱かされる。

●増殖続けるネット右翼

100万人以上いるともされるネット右翼はどう形成されてきたのだろうか。

直接の起源は2002年の日韓共催サッカーワールドカップという見方が定説になっている。異様な韓国ナショナリズムの高揚、韓国選手のラフプレー、日本チームへのブーイング、誤審が重なり、日本国民の韓国への印象が悪くなった。だが、「親韓」を演出していた日本の大手マスコミはそれらを報じず、若者を中心にマスコミ不信が生じた。結果、ネット情報への関心が高まった。

次の年、NHK・BS2で放送された「冬のソナタ」が人気を博し、韓流ブームが訪れた。それまでは小国と思われていた韓国だが、「高度に発展した社会を見せつけられ、一部の日本人には脅威に映った」(『ネットと愛国』著者の安田浩一)(3)。こうして05年ごろには、「ネット右翼」という存在が一般化したとされる。

歴史認識問題で日韓関係が冷え込んだあたりから韓流ブームはしぼむ。13年には、「韓国人を殺せ」などと連呼するヘイトスピーチのデモが国内に広がった。

ネット右翼たちの主張・思考形式を支えるのは「新保守」論壇である。1990年代半ばから、雑誌『諸君』『正論』『Ｗｉｌｌ』を媒体に歴史否認論（歴史修正主義）が台頭。98年からは、小林よしのりの漫画『戦争論』が大ヒットする。アジア太平洋戦争をアジア解放の正義の戦争視した「大東亜戦争肯定論」だ。「産経・正論」史観の論壇が拡大し、支持する若者らが勢いづいていった。

併せて、「行動する保守」も興っていく。源流となるのはナチを信奉する「国家社会主義者同盟」（91年設立）。続いて外国人排斥の「外国人犯罪追放運動」（04年、ＮＰＯ法人を取得）、反米・反共ナショナリズムの「主権回復を目指す会」（06年）……。

07年、文字通り在日朝鮮人に敵意を持つ過激な行動・ヘイトスピーチで知られる「在日特権を許さない市民の会」（在特会）ができる。会長は桜井誠で、発足当初の会員５００人、４年間で1万人を達成したとされる。参加者には、在日韓国・朝鮮人（在日コリアン）をヘイト標的にした桜井の扇動的な言論で「真実に目覚めた」とするメンバーが少なくない。

彼ら右派の言論の舞台となるネットメディアも登場する。１９９９年、掲示板サイト「2ちゃんねる」が開設。２００４年、ＣＳの独立系放送局「日本文化チャンネル桜」が日本の伝統文化の復興・保持を図る歴史否認論に立ってでき、著名な保守系知識人や言論人が関わる。動画共有サービスの「ニコニコ動画」や動画投稿サイト「ＹｏｕＴｕｂｅ」にＣＳ放送番組の多くを提供、右派的思想傾向の拡大に努めている。チャンネル桜が育てたのが田母神俊雄だった。

ネットにある投稿をまとめた右派的な「まとめサイト」には、「保守速報」「大艦巨砲主義！」などがある。まとめサイトを巡っては、大阪地裁は17年11月、在日朝鮮人の女性に対する差別的な投稿を集めて載せた「保守速報」運営者に対し、名誉棄損や差別的目的があったとして200万円の支払いを命じる判決（保守速報側が控訴）を出した。新聞やテレビニュースではなくまとめサイトを見ている若者が多いのが現状で、ネット社会の弊害は増すばかりだ。

こうした中、自民党はしたたかだ。広報本部の下にネット対策専門組織、ネットメディア局を設けてネット社会を常時監視する体制を敷き、国政選挙の候補者や2ちゃんねるなど一般の掲示板で自民側への誹謗中傷の書き込みを見つけると、すぐさま削除要求や法的手段をとるとされる。政党のネット戦術でも「自民一強」の状況で、安倍首相自身もSNSのフェイスブックを野党時代から活用している「ネット巧者」だという。

さらに自民は10年、非党員でも入れるファンクラブ「ネットサポーターズクラブ」を設け、公称1万8500人の会員を持つ。自前で動画を情報発信できるネット放送局「カフェスタ」も備える。ネット選挙コンサルタントの肩書を持つ高橋茂は「最近、気になるのは、ネットの自民党の応援団の間に、批判を許さない風潮が強まっていること。安倍政権を少しでも批判する人が何を言ってもすべて反論、攻撃する。意見の多様性を認めない危険な風潮」と『朝日新聞』紙上で述べている(4)。「応援団」とはネット右翼にほかならない。危険な風潮の背後に、彼らを操るような自民党の不気味な姿が浮かび上がる。

●弱者に敵意「憎悪の共同体」

ネット右翼の人々の思想信条の特徴として、ネット言説に詳しい論者（古谷経衡『ネット右翼の終わり』）は「3必須7原則」を挙げる。7項目のうち「必須」は①強い嫌韓・嫌中感情、②在日コリアンへの敵意、③大手マスメディア（産経新聞は除く）に対し、韓国・中国・在日コリアンに融和的だと激しい敵愾心《てきがいしん》。「原則」は、④日本の戦争を肯定的に捉え、「東京裁判史観」を否定、⑤靖国神社公式参拝を支持、⑥外交・安全保障に関し憲法9条改正などのタカ派的価値観、⑦安倍政権支持、を加える。

さらに、朝鮮半島の植民地支配の正当化・美化、南京大虐殺の否定・矮小化、日本軍「慰安婦」の否定・矮小化などを主張するのが特徴だ。攻撃対象は、「左翼偏向の」大手マスメディアのほか、左翼全般、労組、大企業、公務員、外国人、反原発運動、被爆者、イスラム主義者など、多岐にわたる。要は権利を主張する「弱者」、政権に抗う者、エリート（左翼も労組もマスコミも「エリート」視）を批判する。

ネット右翼がいう「弱者」には沖縄の人たちや障がい者、生活保護受給者らも含まれ、「弱者利権」として苛立つ。例えば、福島原発事故の被災者に対しては「プロ避難民」「いつまで国に甘えているのだ」と中傷する。弱者を擁護するマスコミにも「マスゴミ」と侮蔑感を向ける。

「朝鮮人はみな死ね！」「シナ人は出て行け！」「ゴキブリをぶっ殺せ！」――。街頭やネットでのヘイトスピーチは聞くに堪えない。激しさ、極論こそが支持を集める状況にある。世間的には非現実的でも、真偽を無視して攻撃。「なかったことをあったことにしたり、あったことをなかったことにしたりする」怖さがある。この点は安倍首相・官邸も大得意だ。

また、ネット右翼は「在日が日本を支配している」という陰謀論を振りまく。韓国に理解を示す政治家や政権に物申す記者に対し、「お前は在日だろう」「北のスパイか」といった罵詈雑言《ばりぞうごん》を投げつける。

このうち、在特会が強調するのは「在日特権」。在日コリアンは生活保護受給者が多いと殊更に非難、「日本人は生活保護がもらえず餓死しているというのに、在日は優先的にカネを受け取れ、ぬくぬくと生活している」「在日というだけで生活保護が無条件で支給される」と街宣で非難を高める。

在特会が「在日特権」として挙げるのは、①生活保護優遇、②特別永住資格、③朝鮮学校補助金交付、④通名制度。「在日こそが日本の元凶。差別されているのはわれわれ日本人の方だ」と強い「被害者」意識を抱く。

ネット右翼の社会像はどうか。低学歴で低収入、社会経済的にも下層とみられがちだが、実際には所得や学歴で顕著な特徴は見いだせないという。「大都市部に住む中年世代以上の中産階級」というのが平均像との見方や外向的ではなく一見生真面目な性格の者が少なくないともされる。なお解明が必要である。

在特会のメンバーの中には、「ここで初めて〝認められた〟と喜びを得る人間が多い」といい、「疑似家族」「帰る場所」の雰囲気もある。実際に会うと「フツー」だが、街宣でマイクを握ると攻撃的にまさに豹変する（前記、安田浩一『ネットと愛国』講談社、12年）。

彼らは異質なものの排除と純化の欲望にとりつかれているように見える。自分を守ってくれる「強い日本」を求める。在特会を中心とした嫌韓デモによる「むきだしの憎悪から垣間見えるのは、快楽としての憎悪の追求である」とし、「憎悪の共同体」とする分析（岩田温）がある(5)。「排除」「純化」はナチズムを連想させずにはおかない。

ヘイトと差別の対象になっている在日コリアン、中国人、琉球／沖縄人——。共通するのは帝国日本に支配、侵略された人びとである。明治期からの日本国は、西欧列強に追いつこうと「富国強兵」を掲げて急速に近代化。「遅れたシナ・朝鮮」と「土人」視した沖縄を蔑《さげす》んだ。戦前から戦後、出稼ぎで本土に渡った沖縄の人たちが大阪などで、「朝鮮人と琉球人おことわり」の貼り紙一枚で仕事も住居も締め出された歴史がある。こうした差別意識が今に至るヘイトの源流である。

毎日放送（大阪市、ＭＢＳ）のラジオ番組のパーソナリティーが17年12月26日、「ニュース女子」と同列の沖縄ヘイト発言をしたことを知って驚ろかされた。「こんにちはコンちゃん　お昼ですょ！」の中で、近藤光史・元同放送アナウンサーが「沖縄で基地反対運動をしている人たちは、大部分が特定の勢力から送り込まれている人間」という趣旨の発言をしたのだ。特定の勢力に関連し、中国や韓国にも言及した。

他方で、毎日放送は17年1月29日深夜、ドキュメンタリーＴＶ番組「沖縄　さまよえる木霊《こだま》〜基地反対運動の素顔」を放送している。高江のヘリパッド反対運動を多角的に取材して真の「素顔」を描き、期せずして「ニュース女子」の言説を打ち消し、高い評価を受けた。同じ放送局のこの落差が逆に問題の根深さを照射する。

「さまよえる木霊」は、優れた映像制作で知られる斉加尚代ディレクターによる仕事。氏は17年5月、那覇市で開かれた「沖縄ヘイトを許さない」というシンポジウム（日本民間放送労働組合連合会主催）で、本土の人たちは沖縄の過重な基地負担を「見て見ぬふりをし、本土の人間に都合のいい情報に目を向ける。だから基地反対運動をしている人たちは過激派だという言説にひきつけられてしまう」と指摘。普通の人たちがデマ拡散に加担していることに「強い衝撃」を受けたと述べている(6)。

【注】

(1) 古谷経衡『ネット右翼の終わり』（晶文社、2015年）

(2) 雑誌『創』16年9月号、安田浩一「激しさを増す〝沖縄ヘイト〟～右派の攻撃にさらされる沖縄の新聞の現状」

(3) 18年1月16日付『朝日新聞』まとめ記事「02→18　韓国への視線は」㊤

(4) 17年10月3日付『朝日新聞』オピニオン面「安倍政権と世論戦略」中の「ネット自民応援団先鋭化」

(5)『ヘイトスピーチとネット右翼』（オークラ出版、13年）中の「大衆運動が先鋭化した『憎悪の共同体』としてのネット右翼」。岩田温は米の社会哲学者、エリック・ホッファーの大衆運動論から「熱烈な憎悪は、空虚な人生に意味と目的を与えることができる」を引用。

(6) 雑誌『放送レポート』17年7月8日号

【その他の参考文献】

山崎望編『奇妙なナショナリズムの時代』（岩波書店、15年）
雑誌『ＡＥＲＡ』16年12月26日号、安田浩一「無意識の差別が沖縄を包囲する」

雑誌『新聞研究』17年7月号、憲法70年特集中の松永勝利・琉球新報編集局次長「拡大する沖縄へのヘイトスピーチ」
『朝日新聞』17年12月21日付「論壇時評」、小熊英二「弱者への攻撃」

米軍機から子どもを「守る会」～部品落下事故の緑ヶ丘保育園父母ら

「なんでお空からおちてくるの？」。5歳の園児が母親に問いかけた。2017年12月、米軍普天間飛行場所属機による部品落下事故があった沖縄県宜野湾市の緑ヶ丘保育園。慣れてしまっていた米軍機の危険性に改めて目を覚まされ、保護者らが18年4月、「子どものお空を守る会」を発足させた。今後、同様に落下事故に見舞われた普天間第二小学校の父母や一般市民と手を携え、飛行の安全を求める活動を内外に広げていく。

落下事故は緑ヶ丘保育園が12月7日。トタン屋根に円筒形のヘリ部品（高さ9・5センチ、重さ213グラム）が落ちていた。6日後の13日、普天間第二小では校庭にヘリの窓（重さ7・7キロ）が落下した。当時、2年生と4年生の計60人余りが体育の授業中。いずれも万一の事態は避けられたが、保護者らに恐怖と憤りが広がった。

聞く耳もたぬ米軍・政府●

「なんでお空から」と問いかけられたのは、緑ヶ丘保育園の知念有希子・現父母会長（39）。事故当日の夕、長女が風呂に入るときだった。あんな危険なものが落ちて来るなんて、自身もまだ動揺がおさまらないでいた。園からのメールで「けが人なし」とは知っていたが、急いで迎えに行った時、玄関先で無事な娘を見て号泣した。

落下事故のこと、「何か苦しくて、とても娘にはっきりしたことは言えず、あした先生に確認するねとだけ答えました」。子どもたちには翌日、園長から説明があったという。

緑ヶ丘保育園父母会と園長の神谷武宏・普天間バプテスト教会牧師は早速嘆願書を作成、沖縄防衛局など日米の関係機関に、①事故の原因究明と再発防止②原因究明までの飛行禁止③普天間基地を離発着する米軍ヘリの保育園上空の飛行禁止─の3項目を求めた。在沖米国総領事館（17年12月末）では、神谷園長が「沖縄の子どもたちと米国の子どもたちとには、命に格差があるのですか」と訴えたという。

街頭などでの署名活動も市民の協力も得て展開し、署名は県外からも含め最終的に14万筆近くに達した。

沖縄県教委も県内の小中学校や特別支援学校上空の飛行禁止を米軍に求めるよう、沖縄防衛局に異例の要請をした。これを受け、防衛省と在日米軍は同12月、宜野湾市内の学校上空の飛行を「最大限可能な限り避ける」ことで合意した。だが、1カ月後には米軍ヘリ3機が普天間第二小の上空を再び飛行しているのが確認された。沖縄ではこうしたことが度重なる。

父母会と神谷園長ら7人は18年2月、署名簿を抱えて東京に出向き、防衛省と外務省の担当者に落下事故対応の善処を求めた。担当者は事故原因についても、「米軍が調査中」と繰り返すばかり。

宮城智子さん（49）は「政府は国民を守るのが仕事なのに、国民の声には耳をかさず、一体どこを守っているのと怒りが湧いて来た」と振り返る。与那城千恵美さん（45）も「こっちは子どもたちの命がかかっている。子どもたちを助けないで何でアメリカの肩ばかりもつのか」。二人は「（政府関係者から）こんなひどい扱いをされるとは思ってもみなかった」と口をそろえる。逆に親としての責任を強く感じ、行動することにした。

普天間第二小父母らと連携●

宮城さんらは米軍基地の様々な問題には触れず、「学校や幼稚園・保育園上空の米軍機飛行を禁止させせよう」の1点で幅広い参加を求める活動を展開することにした。それが「子どものお空を守る会」立ち上げだ。宮城さんはじめ5人が共同代表。地域の公民館で、「安全安心な空」について話し合う連続小集会を開始。「皆で声を上げよう」と幅広く訴えていく。米軍機の飛行は、飛び方も回数も時間帯もこれまでと全然変わらない強い苛立ちがある。

緑ヶ丘保育園の父母と関係者らも6月、卒園者やその保護者にも落下事故問題対応の協力を求める活動を始めた。「チーム緑ヶ丘１２０７」。メンバーらは6月25日、那覇市の外務省沖縄事務所に部品落下事故の原因究明と園上空の米軍機飛行禁止を求める陳情書を手渡した。事故から半年、変わらない現状に改めて要請。その後も国、県、市側への陳情を繰り返す。

一方、普天間第二小では、米軍機が近づく度に児童たちが校庭から避難する異常事態が続いている。

校庭使用を再開した18年2月から、沖縄防衛局が校舎屋上と校庭に民間雇用員と職員の計５人を配置して上空を常時監視。米軍機が近づきそうになると避難を呼びかけている。宜野湾市教委の調べでは、体育の授業中や休み時間の避難回数はひと月に１００回を優に超し、最多の３月６日には23回にのぼった。屋根付きの避難施設も作られる。

「子どものお空を守る会」では、同小の父母や関係者にさらなる参加・連携を求めていくことにしている。

こうした落下事故が相次ぐ沖縄の実態について、緑ヶ丘保育園の神谷園長は「この先にあるのは重大事故。オスプレイが落ちてからでは遅い。日米安保を日本の８割の人が支持し、沖縄を犠牲にして日本の平和が守られている。沖縄の問題は日本の問題だ」と本土の人たちの関心を強く喚起する。自身、キリスト教関係者の招きで東京や九州で今回の事故について講演をしてきた。「普天間基地ゲート前でゴスペルを歌う会」代表としての活動（毎週月曜日夕）も12年から続けている。

「学校や幼稚園・保育園上空の米軍機飛行を禁止させよう」と運動する「子どものお空を守る会」の人々

コラム【米軍機事故】

「空から降ってくる」恐怖

沖縄県の統計によると、1972年の本土復帰から2016年までに米軍機関連の事故は709件。過去5年間では187件で、月に3件ほど発生している計算となる。

最大の惨事は1959年6月30日午前10時40分ごろ、石川市（現うるま市）の宮森小学校への戦闘機墜落事故。2時間目終了後、ミルク給食中の教室を直撃し、当番児童の「いただきます」のかけ声で飲み始めた直後、大音響に見舞われた。逃げ惑う児童らを猛炎が包み、児童11人と住民6人が犠牲になり、重軽傷者は210人に達した。火だるまの子供たちが水飲み場まで走り、次々息絶えたと伝えられる。機体はその前に民家35棟をなぎ倒し、校舎を破壊。事故当時、校内には児童と教職員約千人がいた。

事故を語り継ぐ活動を続けるNPO法人石川・宮森630会（2012年法人化）が証言集3集を刊行。18年からは、米国立公文書館資料による負傷者証言の翻訳作業に取り組む。

65年には、読谷村の民家近くに重さ2トン半のトレーラーが落下し、小学5年の女子が下敷きになって死亡する痛ましい事故が起きる。米軍の戦場物資投下訓練中だった。当時、沖縄ではベトナム戦争激化とともに演習も増え事故が多発。2004年、宜野湾市・沖縄国際大構内に米海兵隊のCH53D大型輸送ヘリが墜落。校舎に激突したが、幸いにもけが人はなし。米軍は警察や消防、行政を現場に立ち入らせず、日米地位協定の不備が大きな問題に。16年12月、名護市安部の海岸に普天間飛行場所属のオスプレイが墜落、「もし、住宅地だったら…」と県民が震えた。17年10月には、東村の民間牧草地にCH53Eヘリが不時着、炎上。県民の不安を増幅させた。

Ⅲ章　対米従属の構造

9、在沖米軍、虚構の抑止力

～対米従属の日本が引き留め

国土面積の0・6％に過ぎない沖縄県に米軍専用施設（基地）の約70％が集中する、変わらない現状。基地整理縮小への道は探れないのだろうか。

２０２０年代早期を目標にした在沖海兵隊の再編計画では、主力の歩兵部隊がいなくなり、日本政府が言い募る「抑止力」は限りなく弱まる。また、台頭する中国に対抗する米国の戦争戦略では海兵隊の役割は想定されていないばかりか、射程内にある中国の中距離ミサイルに対する脆弱性が指摘される。在沖米軍基地の撤退論は１９６０年代から折に触れてあり、ことごとく引き留めてきたのは日本政府だったことが分かっている。

●海兵隊は本土から移駐してきた

米国に随従する政府は、「戦争法」（安全保障関連法案）施行で、世界中でアメリカの戦争・対テロ戦に加担する体制を確立。それだけ、沖縄の基地が米の敵国からの攻撃にさらされる危険性が高まる。

在沖米軍主力の海兵隊は第3海兵遠征軍に所属、司令部はキャンプ・コートニー（うるま市）にある。航空機と一体となって戦うのが海兵隊の特徴で、傘下の部隊は、地上戦闘部隊の第3海兵師団、洋上戦闘部隊の第31海兵遠征隊、第1海兵航空団司令部などで構成。航空団の実戦部隊は普天間飛行場に配置、オスプレイとヘリの可動翼部隊が常駐する。

海兵隊と陸軍・空軍・海軍の軍人総数は約2万6800人で、海兵隊はうち約6割にのぼる。海兵隊は14施設、面積でも75％を占める。主な基地は、キャンプ・シュワブ、キャンプ・ハンセン、キャンプ瑞慶覧《ずけらん》など。

米軍基地は沖縄本島中部一帯に集中する。県下41市町村のうち21市町村に32施設、計1万8822ヘクタールの基地が所在。県土に占める割合は約8・3％で、中でも空軍・嘉手納基地がある嘉手納町では、82％余をも基地が占める中に住民が住む（いずれも2017年3月、県資料）。

沖縄の米軍基地化は占領とともに始まった。軍政下、住民を収容所12カ所に強制隔離し、その間に軍用地を確保。不要となった地域を住民に開放し、居住地及び農地として割り当てる方策がとられた。

沖縄の基地は占領当初、特に重要視されていたわけではなかったが、朝鮮戦争の勃発などの国際情勢の変化で、自由主義陣営の「太平洋の要石《かなめいし》」に。米国は沖縄の長期保有方針を打ち出し、大規模な軍事基地化を開始した。統治する米国民政府は1952年から、接収地に関する布令を次々と発布、軍用地の接収を強行していった。「銃剣とブルドーザーで」であった。

海兵隊は当初から沖縄にいたのではない。本土の反基地運動の高まりから50年代、岐阜や山梨・静岡に駐留していた第3海兵師団が沖縄に移駐してきた。朝鮮戦争の後方支援として配置されていた部隊。日本に駐留する政治的コストが高くなったため、米軍が統治していた沖縄に基地が集中したのが実態である。

第1海兵航空団司令部も76年、岩国から移転してきた。結果、52年には沖縄の8倍あった本土の米軍基地は60年には4分の1に激減、逆に沖縄は2倍に拡大した。復帰後の73年の沖縄への集中度は73％になった。一方で地上戦闘部隊が姿を消した本土では基地問題への無関心が広がっていく。今も続く構図だ。

普天間基地（宜野湾市）ができた経緯にも触れておきたい。作家の百田尚樹が「元々は田んぼで、周りに何もないところに飛行場を建設」「商売になると基地の周りに住みだした」との虚言をバラまいているからだ。事実は、基地がある場所は沖縄戦で破壊されるまでは8880人の住民がいる農村部で、村役場や国民学校、サトウキビ搾りの小屋や闘牛場があった。そこを米軍が勝手に奪い、本土爆撃用の飛行場を建設したのである。古里の土地を奪われた住民の先祖が眠る墓や御願所は今も基地内にある。

●在沖米軍基地は「抑止力」なのか

米国は2005年、新たな安全保障環境に対応することを目的に世界的規模での海外駐留軍の体制見直しを表明。日米では06年に在日米軍再編ロードマップに合意した。最大の狙いは国防費の削減で、日米では自衛隊と米軍の「融合」がうたわれ、自衛隊を米軍の後方支援部隊として強化・活用する方策が打ち出された。米軍の海外展開部隊の再編の目玉はグアム基地の強化。この結果、在沖海兵隊のグアム移転が新たに合意された。

グアム移転計画は12年に見直しされ、海兵隊員の移転は千人増えて9千人となった。見直しは移転経費とグアム側の負担軽減が理由で、グアム（4100人）のほか、ハワイ（2700人）、米本土（800人）に分散移転することとなる。豪州へローテーション配備（12年開始）される2500人の要員のうち沖縄から1300人、残りは米本土から移る。

在沖海兵隊の軍人数は約1万5千人（17年3月、県資料）。多くが米本国の基地からローテーション配備され、沖縄に常駐する隊員数は限られている。実数はもっと少ないともされ、再編されると、沖縄には数千人規模しか残らない計算になる。沖縄の兵力では小規模紛争にも対応できない。それでも日本政府が受け入れたのは、在沖海兵隊を本当に抑止力と考えているのか疑念を抱かされる。

〈張り子の虎〉　米軍再編実行で沖縄に残るのは、半分ほどを占める海兵隊司令部要員と唯一の戦闘部隊・第31海兵遠征隊（31MEU）、同隊に付随するオスプレイやヘリの航空部隊だけとなる。31

MEUは上陸大隊、補給部隊、航空要員の計2000～2200の編成。地上戦闘兵力は6千人規模から上陸大隊800人に激減する。これで「抑止力」といえるのか。

〈留守〉　そもそも、31MEUは長崎県佐世保の強襲揚陸艦（艦載機や上陸用舟艇装備）とともにアジア太平洋を巡回遠征するのが大事な任務。1年の半分以上も沖縄を留守にし、米国の同盟国や友好国との軍事・災害救難の共同訓練を繰り返すことになる。

現在でも31MEUは豪州やフィリピン、タイなどを巡回。2国間と多国間合同の演習に年間60回以上参加（在沖米軍ホームページ）する。地震や津波被害の災害救助、人道支援も重要な仕事だ。一方、海兵隊地上部隊の砲兵連隊の場合は日本本土での実弾射撃訓練などに出向き、在沖は年数カ月程度とされる。

〈有事役立たず〉　沖縄の海兵を運ぶ強襲揚陸艦の基地は800キロも離れた佐世保にあり、輸送機も配備されていない。さらに、沖縄基地だけで編成できる機動部隊は2千人規模とされ、国家間の戦争や大規模紛争の際は米本土から海兵遠征軍（2万～9万人）か海兵遠征旅団（7千～1万5千人）が出動する。海兵隊の戦闘機は岩国基地にいる。この配置なら駐留は九州の方が好都合だが、受け入れ先を探せず沖縄に押し付ける構図がある。

〈多国間ローテーション配備〉　米国は11年から、日本、韓国、豪州、比国などとの同盟協力関係強化と軍事費不足を補う、二つが狙いの戦略を計画。米本土の海兵隊基地から各国・地域に海兵隊を6カ月ローテーションで巡回配備することにした。沖縄に派遣される部隊は1年のうち半年から8カ月もの期間遠征、その間隊舎は無人となる。

〈日本防衛は任務外〉海兵隊の任務は敵地強襲・上陸の部隊で、そもそも防衛や対テロ戦を想定した部隊ではなく、ミサイルどころか戦車も持たない部隊だ。海軍に所属する海兵隊自体の不要論が絶えない。

〈防衛は自衛隊!〉沖縄の防空網は空自のパトリオット部隊と陸自のホーク部隊をあてにしているとされる。自衛隊が米軍のガードマン役だ。尖閣有事の際もまず出動・対処するのは自衛隊と明確にされている。

沖縄への自衛隊配備は沖縄返還以降である。だが、沖縄戦で「天皇の軍隊」の行状を体験した県民の世論は厳しかった。「沖縄派兵」「新日本軍の沖縄進駐」と表現された。各自治体も自衛隊と家族の受け入れに強く抵抗、那覇市の場合は隊員の住民登録を一時保留する措置もとった。年を経て次第に受け入れられるようになり、現在に至る。陸海空の自衛隊基地・施設数は44あり、面積は約６９３ヘクタール。陸自第15旅団や空自南西航空方面隊、海自沖縄基地隊が配備され、先島諸島（宮古・八重山列島）へのミサイル部隊などの島嶼《とうしょ》配備計画が進む。

洋上展開する米海兵遠征隊（ＭＥＵ、全７個）のうち沖縄の31ＭＥＵはアジア太平洋を担当する。近年特に力を入れるのはソフト分野の人道支援や災害救援を中心にした多国間共同訓練。最大級の「コブラゴールド」には中国やインドも参加する。沖縄の海兵隊は各国軍との信頼醸成、地域の平和維持の役割も持っている。

だが、東アジアにおいて、限定的紛争であれ本格的戦争であれ、海兵隊が沖縄にいる戦略上のメリットはないと言わなければならない。

●「日本の彼らは引き留めた」

2011〜14年、米の複数の研究者が効率的な運用、安全保障上の観点、広大な基地に対する沖縄の不満から、海兵隊が沖縄に駐留する必要性はなく本土に撤退すべきとの見解を示す。国務省元高官のシンクタンク研究員も「有事には空軍、海軍が主力になる。海兵隊は九州でもいいのだが、日本の政治が辺野古を望んでいる」とも語っている。米国務省による韓国移駐案（73年）も含めて、引き留めてきたのはことごとく日本政府だ。

これまでの度重なる撤退論、県内外への移設論をみる。

〈「撤退」引き留め〉米国は本土復帰の際の72年、財政難と軍縮からの90年、少女暴行事件のあった95年、辺野古現行案が決定した2005年の時と、再三再四、米本土撤退や県外移設を提案していたことが公文書で明らかに。だが基地固定を懇願したのは日本政府。95年当時の元駐日大使のウォルター・モンデール氏は「『彼ら』（日本の指導者）は我々を沖縄から追い出したくなかった」[1]と証言

▼2012年の在日米軍再編協議で、米国は在沖海兵隊の地上戦闘部隊の大半をグアムなど国外に移

転させる構想を打診したが、日本側は「中国の軍拡を踏まえ、抑止力が低下しかねない」と難色を示した(2)。

〈米専門家は「再検討」〉日本の安全保障政策に大きな影響を与えてきたジョセフ・ナイ元国防次官補(ハーバード大名誉教授)は『琉球新報』(15年4月)のインタビューに対し、辺野古移設について、「沖縄の人々の支持が得られないなら、われわれ、米政府はおそらく再検討しなければならないだろう」

▼沖縄での少女暴行事件対策について日米交渉していた96年春には、米国防次官補代理のカート・キャンベル氏は「沖縄の反発がそんなに激しいのなら、沖縄にはこだわらない。米軍は望まれないところには駐留しない」と述べている(3)。

〈基地に「攻撃危険性」〉ジョセフ・ナイ氏は『朝日新聞』14年12月8日付のインタビューや14年夏の論文で、中国の弾道ミサイル能力向上で「沖縄の米軍基地は脆弱になった」と指摘。「同盟の構造の再考」を促す。

〈日本元防衛相も本音〉民主党政権の防衛相だった森本敏氏は12年12月の離任会見で、普天間の移設先について「軍事的には沖縄でなくても良いが、政治的に考えると沖縄が最適。そういう結論になる」と明言。抑止力論が根拠とする軍事的・地政学的観点からではなく、受け入れ先がない国内問題だとした。ただ、その後森本氏は考えを180度変えているが、なぜかは分からない。

「米との約束」「辺野古が唯一の選択肢」と沖縄に犠牲を強いるのは、ほかでもない日本政府。沖縄基地負担軽減の障害は、交渉をしようともしない政府だといえる。ペリー元国防長官も軍事的優位性ではなく、日本の政治的問題だと明言する。

沖縄のジャーナリスト屋良朝博は「沖縄の基地問題の核心は、本土が米軍基地を嫌がっているということだ。それを覆い隠すために、中国脅威論を持ち出し、沖縄の地理的優位性を強調する。正義に反し、これほど破廉恥な安全保障政策がほかにあるだろうか」と厳しく問いかける(4)。

●防衛政策なく米へ追従

日米安保条約を基軸に同盟関係を結ぶ日本の防衛政策は、米の戦略に沿って防衛大綱を改定してきた。日米防衛協力のための指針(ガイドライン)も同様だ。1978年に作成されて97年に改定。2015年4月には新指針への改定を、「戦争法」の国会審議も国民的議論も経ないまま合意した。戦争法はガイドラインが示す中身そのものである。

冷戦後、米国が自衛隊の活用方針を示したのは1993年の戦略「ボトムアップ・レビュー」。94年からの日米安保再定義始動で協力範囲を「アジア太平洋地域」「地球的規模」に拡大し、軍事的な「日米同盟」関係がうたわれた。95年の米国防総省「東アジア戦略報告」は日米の安保を太平洋と世界戦略の基礎と位置付けた。日米の軍事的一体化が一層進み、財政難の米の戦略を同盟国が一部肩代わりする態勢がとられる。

96年の日米安保共同宣言で日米を「歴史上最も成功している二国間関係の一つ」と位置づけ、軍事同盟化を色濃くしたのがこれまでの経過だ。

米の知日派グループ、リチャード・アーミテージ元国務副長官とジョセフ・ナイが、「日本への提言」として2000年から提出する「アーミテージ・ナイ報告」。日本の防衛政策の「お手本」のような存在だ。

「報告」は当初から集団的自衛権行使の解禁を主張し、07年には自衛隊の海外派遣の法整備も要望。第3次の12年報告では、日米軍の統合化、集団的自衛権行使、南シナ海での監視強化、米軍と陸自が水陸両用で機動的に前方展開できる部隊編成、さらに原発再稼働と環太平洋経済連携協定(TPP)参加を要望。2氏の提言は安倍政権の手でほとんど実現され、「戦争法」施行で憲法9条の規範が完全崩壊の危機に瀕している。

安倍首相は第2次政権(12年12月)になってから、18年5月のロシア訪問で計64回もの外遊を重ねている。在任5年5カ月で戦後最多の51回だった小泉純一郎元首相を優に超えた。その多くの狙いは「中国包囲網」を築くための防衛協力と武器輸出の推進だ。外交・平和施策の基本である近隣諸国との信頼関係構築の意識は極めて薄く、目的がはっきりしない夫妻〝外交〟も少なくない。

半面、米国へのすり寄りは際立つ。安倍首相はトランプ氏が米大統領に決まるや否や、いの一番に駆けつけ得意がって欧米の顰蹙《ひんしゅく》を買ったことは記憶に新しい。オバマ政権時の15年5月、訪米した首相は晩餐会スピーチで、米黒人歌手のダイアナ・ロスの歌「乗り越えられない山はない」の歌詞「あなたに呼ばれれば、どんな遠く離れていても、すぐに飛んで行く」のくだりを引用して、米の〝ポチ〟

のようだった。

オーストラリア国立大名誉教授のガバン・マコーマック（東アジア現代史）は、日本と豪州を米国の「属国」と断じる。「日本や東アジアにとって、日本国家の核心にある自立放棄と対米追従は、アジア共同体のための計画を挫折させ、地域を安定化させるよりむしろ不安定化させる」(5)。

米追随が目立ち独自の安全保障政策や外交政策を欠く日本。東アジアの緊張緩和や信頼醸成措置を形成する構想がないまま、日本の安全保障を沖縄に押し付ける構図だけが維持されてきた。

●「我が物顔」の米軍

日本の対米従属の裏側は、なお色濃く残る在沖米軍の占領軍意識、植民地観ではないか。米軍トップの司令官らの発言にそれは垣間見える。

16年12月、名護市の海岸に普天間飛行場所属のオスプレイが墜落し沖縄県民の間に非難と恐怖が噴出した際、在沖米軍トップのニコルソン四軍調整官（当時）は県民に謝罪すると述べつつ「パイロットが沖縄の上空を飛ばず、沖縄の人々の多くの命を守り、乗組員を守った。誇りに思う」とパイロットを称賛した。信じがたい発言に対して翁長雄志知事は「県民の不安が現実のものとなり、大きな衝撃を受けている」と猛反発、政府に抗議文を提出した。

17年10月には東村高江の民間牧草地に大型輸送ヘリが不時着・炎上する重大事故。18年に入ると、普天間飛行場所属の攻撃ヘリが1月中で計3回（3カ所）も県内の民間地に不時着している。不時着が相次いだが、ハリス米太平洋軍司令官は1月8日の読谷村での不時着後に小野寺五典防衛相と会談し、「一番近い安全な場所に降ろす措置に満足している」と述べた。また、ネラー米海兵隊総司令官も「予防着陸で良かったと思っている。負傷者もなく、機体を失うこともなかった」と述べ、県民の怒りや不安を意に介さない。全くの軍の論理だ。

小野寺防衛相は1月23日の渡名喜《となき》島での不時着後、「あまりに多い」と指摘し、普天間所属の同型機12機の緊急総点検とその間の飛行停止を米側に要求したが、これまで同様、米側に全く無視された。植民地のような扱いに、小野寺氏は屈辱を感じないのだろうか。防衛省行政ルートでの要求・申し入れも聞き入れられない事態が繰り返されている。

米軍機による部品落下事故も相次ぐが、要員と財源不足が深刻化する米軍の安全管理には大きな疑問符が付く。いつか重大事故が起こるかもしれない。思っていた矢先の18年6月11日、那覇市の南約80キロの海上で、飛行訓練中だった嘉手納基地所属のF15戦闘機が墜落した。米軍機に対する不安はまた高まった。

渡名喜島に不時着した同じ日に、協定違反も起きている。普天間所属の別の複数機が沖縄本島各地で、日米合意の航空機騒音規制措置（騒音防止協定）で制限される午後10時以降に夜間飛行しているのが確認された。「外国の空でやりたい放題である」（『琉球新報』18年1月25日付社説）。嘉手納基地と普天間飛行場でも同協定の有名無実化は明らかになっている。

「我が物顔」の米軍の実態をもう一つ挙げたい。パラシュート降下訓練は離島にある米軍伊江島補助飛行場に集約するとする日米合意（１９９６年）があるが、米軍は17年5月と9月にも、嘉手納基地で行った。嘉手納での訓練は「例外的な場合に限る」との制約が07年に合意。日本側はそれに当たらないと中止を求めたものの、押し切られている。

再三再四にわたる行政・住民の抗議、議会の抗議決議にも聞く耳を持っていない。これが「抑止力」たる在沖米軍の実態だ。

【注】

（1）離任後のモンデール氏が国務省の聞き取りに説明（『朝日新聞』２０１５年6月9日付）

（2）『共同通信』12年2月29日配信（『沖縄の自立と日本』で大田昌秀引用）

（3）当時の防衛審議官だった守屋武昌に証言（『朝日新聞』15年6月9日付）

（4）新外交イニシアティブ編『辺野古問題をどう解決するか』（岩波書店、17年）

（5）孫崎享・木村朗編『終わらない〈占領〉』（法律文化社、13年）

【主な引用・参考文献】

シリーズ日本の安全保障第1巻『安全保障とは何か』（岩波書店、２０１４～15年配本）、同第2巻『日米安保と自衛隊』、同4巻『沖縄が問う日本の安全保障』

新外交イニシアティブ編『虚像の抑止力』（旬報社、14年）

『世界』臨時増刊号「沖縄　何が起きているのか」（岩波書店、15年4月）

10、米兵犯罪を誘発する日米〈システム〉
～地位協定の闇と対米従属

在日米軍基地があるがゆえの痛ましい事件事故が起こる度に、沖縄県民は日米地位協定の抜本的見直しを求めてきた。だが、米軍と日本政府はその度に「運用改善」「綱紀粛正」で早期に収めようとする。

2016年4月、沖縄県うるま市で起きた米軍属による会社員の女性（当時20）の殺人・強姦致死事件でも、警官増員やパトロール隊創設といった防犯運動のような再発防止策を打ち出した。事件に対し翁長雄志知事は「県民の怒りは限界を超えつつある」と厳しくコメント、防止策に対し『琉球新報』社説は「噴飯物だ」（16年6月7日付）と断じた。

在日米軍駐留のあり方を定めた日米地位協定の本質は、一言で言うと「米軍の権利が優先する治外法権的不平等協定」だ。米軍は軍事的な観点だけで日本の基地を自由奔放に使える「排他的管理権」（第3条1項）を持ち、基地への国内法が事実上適用されない特権を与えられている。世界で最も米国に有利な協定とされる。

日本が植民地のようなこうした〈システム〉は、米兵・米軍属には「罪を犯しても守られる」との意識を生む。個々の資質にかかわらず犯罪を誘発しかねない、〈システム〉全体が問われる。

●米軍守る様々な特権

日米地位協定はそもそも、駐留米軍に関する日米行政協定を元に作成、「占領の残滓《ざんし》」的要素を色濃く残す。軍事面・日常生活面での多岐にわたる特権、米側に有利な刑事裁判権、「思いやり予算」による米軍家族の快適生活……。対米従属の日本政府が、その米側の特権をひたすら支えてきた。

日米地位協定の前身、日米行政協定は１９５２年2月に締結された。前年の9月には、サンフランシスコ講和条約と旧日米安保条約が調印されている。両条約の米側交渉担当者、ダレス・国務長官顧問（後の国務長官）は安保条約の最大の目的を、「われわれが望む数の兵力を、望む場所に、望む期間だけ駐留させる権利を確保すること」と米スタッフに述べた。植民地的不平等性だ。

日米行政協定は安保条約に掲げる目的に従って、基地が米軍の思い通りに運用できると定められていた。後を継ぐ日米地位協定は安保条約の改定に伴い、60年1月に調印された。「基地の自由使用」の根幹が残る全24条。本来なら安保改定とともに改定が検討されるべきだが、国会での議論もほとんどされなかった経緯がある。

不平等な在日米軍特権の幾つかをあげてみる。治外法権的に国内法の適用を受けないことを大前提にしている。

米軍関係者の出入国が自由にできる出入国管理法の適用除外で、日本政府は、在日米軍総数を自らは把握できない（外国人統計から除外）▽租税免除の規定で、米軍人と家族の法人税や所得税のほか消費税も免除される半面、財産権は保護▽公共サービスを受ける家族も税金を払わなくてもいい。

米軍が輸入する物品の関税も免除▽米艦船の入港と飛行場着陸の際に課される入港料や着陸料、米軍車両が有料道路を走る際の料金が免除▽基地内の売店や食堂、劇場などの営業は自由で日本の規制、租税などの管理に服さない。

さらに問題なのは基地では国内の環境基準を守らなくても良く、返還の際も環境汚染の原状回復義務がないことだ。2015年に一部運用改善されたが、自らの後始末をしなくても済む原則は全く解せない。

日本が主権国家とは思えない軍事的特権は、米軍機はどこでも低空飛行訓練ができ、首都圏の上空「横田ラプコン（レーダー進入管制）」の航空管制が米軍に委ねられていることだ。先進国ではあり得ない。

「横田ラプコン」は新潟や長野に至る1都8県（東京都、栃木県、群馬県、埼玉県、神奈川県、新潟県、山梨県、長野県、静岡県）に及ぶ広大な米軍支配空域だ。管理しているのが米軍横田基地（東京都）。高度2400メートルから7千メートルの間、6段階の階段状になっている。航空機は「横田ラプコン」を避けるため、迂回と急旋回・急上昇が必要となる。不要な燃料経費と時間ロス、ニアミスの危険を負わされている。

基地経費に関しても優遇されている。日米地位協定第24条【経費の分担】では、基地用地や付属施設（兵舎など）は日本が無償提供し、一方、その維持・改修と運用経費（基地労働者の人件費など）は米側が自前でもつ割り勘が原則だ。だが、負担増を求める米側に沿い、1978年から、原則にはない「思いやり予算」が登場して肥大化した。人件費や家族住宅の光熱水費、快適な豪華住宅や娯楽施設建設までを日本側が負担している。「日本様さま」の状態だ。

広大な嘉手納基地や周囲に住宅が密集した普天間飛行場を初めて見た人は、「植民地のような沖縄」を強く認識させられるはずだ。

●占領者意識の醸成

「占領国対被占領国」という力関係の中で成立した日米地位協定。様々な特権に守られた米兵が、日本に対する占領者・植民者意識を持つようになることは容易に想像される。出入国は自由だし、基地内にいるか、「逃げ込めば安全」だと。

米海兵隊が新任兵士に対する研修で、「沖縄を見下してもいい」とするような教育をしていることが、英国人ジャーナリストが入手した公文書で判明した。２０１４年2月と民主党政権時代(09~12年)の作成とみられるスライド2種類で、タイトルは「沖縄文化認識トレーニング」。米兵犯罪などに対する沖縄の世論の傾向について、「論理的というより感情的」「二重基準」「責任転嫁」の3点を箇条書きで記す。米兵には、沖縄では異性にもてるようになる「外人パワー」を得ると説明。飲酒や娯楽の際に我を忘れることのないよう釘を刺すが、これを聞いた米兵は逆に、「沖縄では女性を獲得しやすい」と関心を高めると思われる。

軍隊は「人殺し」が任務である。米軍ではベトナム戦争やイラク戦争時、兵士を「殺人マシーン」

に改造するため、「殺せ、殺せ、殺せ」「レイプするぞ、ぶっ殺すぞ」などと口にするのもおぞましい言葉を繰り返し叫ぶ訓練がなされていた。性暴力や凶悪犯罪を生む心的要因の一つとされる。

16年の女性殺害事件では、当時軍属（元兵士）の容疑者は「2〜3時間車で走り、乱暴する相手を探した」と供述、被害女性を「獲物」のような目で見ていた。そこに植民者意識がなかったか。米国本土だったら、彼がこうした行動を成し得るだろうか。

群馬県の米軍演習場で薬きょうを拾っていた女性をおびき寄せて射殺したジラード事件（1957年）や、沖縄県伊江島の米軍射爆場で草刈りの青年を狩りでもするように追い回し信号銃で発砲、負傷させた伊江島事件（74年）をも想起させる。

●米兵擁護する刑事手続き

米兵の特権意識を法的に担保しているのが、日米地位協定第17条【刑事裁判権】だ。公務中は米側が一次裁判権を持ち、公務外は日本側が一次裁判権というのが原則だが、公務か否かは米軍指揮官の判断に従うしかない。また、一次裁判権が日本側にある場合でも米軍が先に身柄を確保したら、起訴されるまで日本側に引き渡す必要はない問題が立ちはだかる。このため、性犯罪を行った米兵が基地内に逃げ込み、本国へ帰国すれば、まず逮捕されることはない不条理が生じる。

2008年10月に判明した「密約」にはさらに驚かされる。1953年10月、地位協定運用に関する協議機関・日米合同委員会の部会で、日本側代表が「日本にとって著しく重要と考えられる事件以外については、裁判権(第1次)を行使しない」と約束している。米側が求めていた事実上の治外法権が、行政協定を引き継いで保証された。ジラード事件では身柄を引き渡す代わりに米兵の処罰を最大限軽くする密約（殺人罪→傷害致死）が結ばれていたことも、１９９1年に判明している。

日米合同委には35にのぼる委員会・部会があり、これまで数千件にのぼる運用実務の「合意議事録」をまとめている。ここにブラックボックス、「密約」が隠れているという。米国に有利になるような「密約」を運用ガイドラインで交わすことで、米軍は米兵・軍属を最大限に守るようにし、かつ日本政府がその意向に沿う加担をしてきた構図である。

米軍構成員（軍人、軍属、家族）による沖縄県内での凶悪犯罪は、同県警のまとめでは、復帰後の１９７２年5月15日から２０１５年末までの間に５７４件発生し、７４1人が摘発された。内訳は殺人が26件34人、強盗が３９４件５４８人、放火が25件12人、強姦が１２９件１４７人だった（1）。

米兵による性犯罪の場合、沖縄戦で米軍が上陸した直後から相次いだことが知られている。戦後10年の１９５５年9月、6歳の女の子が米兵に強姦・殺害された痛ましい「由美子ちゃん事件」は県民に大きな怒りと衝撃を与えた。

米軍構成員による犯罪は実際にはもっと多いはずだ。基地内で県民が被害に遭っても沖縄県警はほぼ関与できないうえ、日本側が優先的に裁判権を行使できる公務外の事件でも日本側の「不行使」が多数あり、現実には米兵が日本の裁判所で裁かれるケースは少ない。殺人と強盗を除く凶悪犯罪の中でも、性犯罪での起訴率は国内の日本人被疑者に比べて極めて甘いのが実態だ。強姦・強制わいせつを犯しても罰せられることが少なく、これが米兵の意識に影響を及ぼさないわけがない。

米側に裁判権がある「公務中」の事件についても甘い。古い統計（防衛、法務両省）だが、1985年～2004年の20年間に約7千件（死者21人）発生したが、軍法会議にかけられたのはわずかに1件、懲戒処分は318件。大半が軽い処分か無罪放免となっている。

●事例に見る数々の「理不尽」

1995年の少女暴行事件。9月4日、沖縄本島北部で、米兵3人が当時12歳の女子小学生を拉致して性的暴行を加えたが、身柄が捕れないまま捜査が行われた。県民の憤りは激しく、米軍基地の整理縮小と日米地位協定見直しを求める復帰後最大規模の県民総決起大会が10月21日に開かれ、8万5千人（主催者発表）が参加した。

この事件を契機に同年10月に開かれた日米合同委でも改定は議題にのぼらず、運用改善がなされた。殺人や強姦など凶悪犯罪の場合に、被疑者の起訴前引き渡しに「好意的考慮を払う」というもの。2004年には、配慮の対象を殺人と強姦以外の犯罪も適用することを口頭で確認した。

だが、好意的配慮はあくまで米側に裁量がある。02年に沖縄県具志川市（現うるま市）で起きた米海兵隊少佐による強姦未遂事件では引き渡しを拒否した。これまで米軍が日本側の起訴前に身柄の引き渡しに応じたのは沖縄の2件を含めて全国で5件にとどまるという。

01年6月29日に沖縄県北谷町で起きた空軍兵士による婦女暴行事件では、県警が逮捕状をとってから、米側の身柄引き渡しまで5日間も要したことから、運用の改善では限界があるとして沖縄県は日米両政府に対し、地位協定の抜本的な見直しを要請した。

米軍ヘリ墜落事件でも沖縄県民の怒りが沸騰した。２００４年8月13日午後、沖縄国際大(宜野湾市)に海兵隊のＣＨ53大型輸送ヘリが墜落した。イラクへ向け移送するための整備点検を終え、試験飛行中だった。墜落とほぼ同時に迷彩服姿の数十人の米海兵隊員らがフェンスを越えて、キャンパスになだれこんだ。隊員らは黄色のテープで現場に警戒線を張り、大学職員ばかりでなく、警察や消防、宜野湾市関係者、外務省政務官もシャットアウトした。

地位協定第17条6項（ａ）では、「日本国の当局及び合衆国の軍当局は、犯罪についてのすべての必要な捜査の実施並びに証拠の収集及び提出について、相互に援助しなければならない」と定めているのに、である。

こうした事態については、地位協定が締結された際に日本とアメリカの全権委員が協定外で、「日本国の当局は、(略) 合衆国軍隊の財産について、捜索、差し押さえ、または検証を行う権利を行使しない」（１９６０年1月の合意議事録）と合意。機体の破片も「米国の財産」と言われれば、それ以上強く出ることができない背景があった。協定条文にない「合意」だらけで運用されているのが実態だ。

ヘリ墜落事故では沖縄県警は翌14日、現場検証を米側に申し入れたが拒否。米側は黒焦げの機体を持ち去ってしまった。他方、１９６８年6月の九州大(福岡市)でのファントム機墜落事故など本土の民有地墜落3件では、米軍は警察の検証を認めており、「恣意的な運用」をした沖縄との差別性をみせた。

さらに、米軍用機が基地外の民有地に墜落した場合でも米軍が立ち入りできるという合意文書の存在も２００８年、米公文書からの発掘で明らかになった。事実、17年10月に米軍普天間飛行場所属ＣＨ53Ｅ大型輸送ヘリが沖縄県東村の民間地で不時着炎上した事故では、国頭地区行政事務組合消防本部が、米軍の立ち入り規制で出火原因を特定できなかった。

同消防本部は事故直後、県警を通して現場の実況検分を求めたが米軍から回答はなく、現場に近づけたのは事故から9日後。米軍がすでに機体や現場の土を撤去、出火原因を特定できるものが何もない状態だった。同消防本部は「民間地で起きた事故なのに調査できず、残念だ」とコメントした(2)。

米軍が関係する事件事故の被害者への賠償金をめぐっては、公務中で日米双方に責任がある場合には均等に分担。アメリカ側にのみ責任がある場合でも、日本が25％を負担する定め（協定18条）がある。だが、沖縄国際大の墜落事故では日本側に責任はないにもかかわらず、日本政府は大学と周辺住民に計約2億7千万円の賠償金を支払った（米側が償還したかは不明）。また、１９９８年5月に確定した第一次嘉手納基地爆音訴訟の賠償金（15億4千万円余）支払いでも、米側が拒んだことから、本来は責任のない日本政府が肩代わりした。米側のゴネ得だ。

●地位協定「改定」に独伊韓は努力

沖縄で事件事故が起こる度にわき起こる日米地位協定の見直し要求。県自体も改定案をまとめてきたが、日本政府は全く聞く耳を持たず、一言一句も改定されていない。それどころか安倍内閣閣僚の一人は、女性殺害の米軍属の容疑者逮捕直後、「タイミング的にまずい。大変なことになった」と漏らし、2カ月後に控えた参院選（2016年7月）を前に与党の支持率アップを図る戦略への影響の方を心配したと報道された。

同じ敗戦国でもドイツとイタリアは国内法の適用を基本に何度も改定を要求し、一定の改善を獲得している。日本の対米姿勢との違いが際立つ。

ドイツは1993年、「ボン補足協定」（59年締結）を改定。駐留軍基地に対し、飛行禁止区域や低空飛行禁止を定めるドイツ国内法の適用や基地返還後の環境浄化責任を義務付けた。基地外の訓練には独当局の承認が必要。自治体による基地内立ち入り調査を認める内容に改められた。交渉に2年かけた。

イタリアは米軍に対する発言力が強い。95年に締結された基地使用に関する取り決めで、米軍基地の管理権はイタリアにあり、作戦行動や演習、事件・事故の発生を通告するようになっている。98年2月に起きた、海兵隊戦闘機の低空飛行によるスキー場ゴンドラ接触事故（20人犠牲）では、イタリア軍当局が事故機を検証。その後の低空飛行訓練の禁止を実現させ、沖縄国際大でのヘリ墜落事故との違いが目立つ。また、地方自治体には、米軍の行動に異議を申し立てる制度が確立している。

韓国では独伊にならい、日本にはない「米軍基地の環境汚染防止」を韓米地位協定に改定挿入している。米軍基地で汚染が起きた場合、基地所在自治体が立ち入り共同調査もできる点も日本と大違いだ。刑事裁判改定にも粘り強く取り組み、２０１２年に捜査上の問題点改善に合意している。

他方、日米地位協定では米軍は航空法も適用除外で米軍機は騒音をまき散らしながら自由自在に飛行、基地汚染の後始末は責任のない日本側がするといった占領軍のような実態がある。米軍基地を抱える15都道府県でつくる「渉外知事会」は、沖縄県で米兵による少女暴行事件が起きた１９９５年から、国に改定を求め続けている。だが政府ばかりか、国民の関心も薄い。

米国には従属しながら小国には従属させるような、恥ずかしい日本――。ソマリア沖で海賊対策を行ってきた海上自衛隊は２０１１年6月、事実上の初の海外基地をジブチ共和国に開設。その前に結んだ地位協定では、公務中、公務外を問わず第一次裁判権は日本側が保有する不平等な特権を認めさせている。脅威だった西欧列強に不平等条約を締結させられ、改正に四苦八苦した「明治の日本」を忘れたのだろうか。

翁長知事は「憲法の上に日米地位協定がある。国会の上に日米合同委員会がある」と言う。

そこで沖縄県では18年4月、独伊に職員を派遣して実態調査した報告書を発表した。県は、国内法適用状況、基地管理権、訓練への関与の有無を観点に現地で聞き取り。結果、①米軍の活動に国内法を適用、②受け入れ国に基地管理権や立入権、③米軍訓練にも受け入れ国が関与する仕組み、④周辺自治体の意見を聞く組織がある―など、日米とは歴然とした差があることを県なりの論点で浮き彫りにした。

日米地位協定の運用マニュアル、「日米地位協定の考え方」(1973年作成、83年に増補版)という外務省機密文書がある。『琉球新報』が入手して2004年1月に特報し、全文を紙面8ページで公開した。逐条解説しているが、「徹底した米軍優先・アメリカ優先の解釈」(前泊博盛)で貫かれている。沖縄の復帰に当たり、様々な問題に対応するために作られたとされる。

「考え方」には、あらゆる問題を「解釈の変更」で対応する、米従属の原点がある。この裏マニュアルを元に、「闇」だらけの膨大な合意議事録を日米合同委でまとめ、米軍・米国第一の強固な〈システム〉が米軍関係者を守ってきた。それが、時として「やりたい放題」を引き起こす。事件再発防止で繰り返される「運用改善」が、いかに小手先かは明白だ。

日米の強固な〈システム〉を突き崩すには、困難とはいえ、沖縄から基地をなくすしか道はない。

【注】

(1)『琉球新報』2016年5月20日付

(2)『沖縄タイムス』18年4月13日付

【参考文献】

前泊博盛編著『本当は憲法より大切な「日米地位協定入門」』(創元社、2013年)

琉球新報取材班『検証「地位協定」——日本不平等の源流』(高文研、04年)

吉田敏浩『密約 日米地位協定と米兵犯罪』(毎日新聞社、10年)

前田哲男、林博史、我部政明編著『〈沖縄〉基地問題を知る事典』(吉川弘文館、13年)

11、米国「思いやり」米国「言いなり」
～在日米軍駐留経費の負担

在日米国人男性が最近制作したドキュメンタリー映画『ザ・思いやり』（2015年）が各地の市民団体などの手で上映され、反響を呼んでいる。在日米軍駐留経費をたっぷりと日本が負担する不条理、「思いやり予算」のことである。

自主上映会に2016年1月、足を運んでみた。映画では、米兵と家族がすこぶる快適に暮らせる〝リトルアメリカ〟もどきの世界を映し出す。基地内のリゾートマンションのような住宅から学校、教会、銀行、ファストフード店をはじめ、基地から私鉄への専用乗降口設置に至るまで、ありとあらゆるものが日本の税金で整備。電気・ガス・水道料金は「使い放題」と紹介し、巨額のその費用が次々とはじき出される。上映が終わると、「知らなかったぁー」と場内の主婦らからため息が漏れた。

17年12月には、続編『ザ・思いやり』パート2』が公開され、こちらも好評。米軍基地なき世界への希望と展望も示していく。2作合わせて全国600カ所を超す上映会（18年5月時点）が行われ、国民の関心の高さを示す。

●「思いやり」拡大

思いやり予算は1978年から開始された。累計額は6兆円を優に超え、年間で米兵一人当たり1500万円を支給している計算になる、と『ザ・思いやり』は日本国民に投げかける。沖縄関係では、米軍再編に伴う名護市辺野古への新基地建設計画も日本側が全額負担（思いやり予算と別費目）する。米海兵隊の米グアム移転計画でも同様だ。移転に関して、日本の主権が及ばないマリアナ諸島の演習場建設費までも含まれる。

『ザ・思いやり』（90分）は映画監督のリラン・バクレーさんの制作。英語講師として米軍厚木基地（神奈川県）の近くに長く住み、米兵の贅沢《ぜいたく》な生活のために日本の税金が使われているのに驚いて、制作に取り組んだ。思いやり予算の不条理さと矛盾を様々な視点から追う。『パート2』（90分）では米軍が本当に日本を守るために存在しているのかを問い、米兵による交通事故や犯罪被害の賠償金を日本が負担している「信じがたい事実」などを提示。基地撤去を求める人々に耳を傾けている。

思いやり予算を含む「在日米軍関係経費」の構成は複層している。全体を通しての特徴はその手厚さだ。米軍にとって、日本は「世界一居心地のいい待遇」で、前田哲男は「この潤沢な資金援助ぬきに、在日米軍基地がいっこうに減らない理由を考えることはできない」(1)と指摘する。

米国防総省からは、「日本の支援はたいへん気前がいい」（1997年、米議会公聴会でキャンベル国防次官補代理）とか、「駐留経費の7割強を提供するというコミットメント」（同年、ジャパン・ソサエティーでの演説でペリー国防長官）、「駐留コストが極めて良い」（日米安保報告95年版）と絶賛する声がこれまで聞かれた。

在日米軍駐留に関する取り決めの大本は、日米地位協定にある。24条では、基地などの土地や付属施設は日本側が無償提供し、それによって不利益を被る権利者への補償は日本政府が行う。他方、提供された基地の建設・維持と運用経費は米側が負担すると規定している。施設の借地料や騒音に対する住宅防音、漁業補償に限って日本側が分担するのが本来だ。

ところが、地位協定上では負担する必要がない分野の経費も肩代わりすることにしたのが、思いやり予算である。この用語は金丸信防衛庁長官が78年6月の参議院内閣委員会で答弁したのが発端とされ、「思いやり」で米軍労働者の福利厚生費の一部約62億円を負担することにしたのである。

当時、米国はベトナム戦争後の財政赤字や円高ドル安で駐留経費が重荷となり、高度経済成長を続ける日本側の負担増を求めていた。米議会からも、「安保ただ乗り」という対日批判が上がっていた。本来は地位協定の改定が必要な事項だが、日本政府はあくまで「地位協定の枠内での最大限の措置」の計上と繰り返した。

米側は「思いやり」という言い方を嫌い、「接受国負担」と呼ぶ。恩恵ではなく、同盟戦略上の「代価」という見解を示す。

以降、この予算は年々肥大化していく。裏には常に米側の圧力があった。79年度、基地内の隊舎や家族住宅、環境関連施設が対象になり、基地日本人労働者の給与一部負担も加わった。「思いやり」は労務費本体と施設整備全般という基地維持経費そのものに拡大し、次第に防衛施設庁予算の3分の

1近くを占めるようになった。87年度には1千億円を突破する。

その背景には、非戦闘関連施設への支援だった「思いやり」が、米軍の作戦を支援する施設整備にまで拡大したことがある。86年度ごろからで、嘉手納基地のF15用の対爆シェルターと空中給油機など大型機エンジン・テスト場、普天間飛行場の改修・補修、青森県・三沢基地の地下指揮所、長崎県佐世保への強襲揚陸艦配備に伴う機材倉庫の整備などが挙げられる。

●駐留国では「突出」

1987年、「思いやり」を増大する裏付けとして、「特別協定」(現行、5年ごと)が締結された。「暫定的」という苦肉の策で始まったが、その後も継続。地位協定24条による経費分担の原則は決定的に崩れ、思いやりは義務に変化する。

特別協定の結果、基地労働者の人件費は丸抱えの形になった。米軍兵士と家族の光熱費負担までも開始(91年度)した。さらに、米軍の訓練移転に伴う費用も日本側が持つ(96年度)こととなる。思いやり予算はピーク時の99年度には2756億円にのぼった。

〈在日米軍駐留経費の負担〉

・提供施設整備費(79年度から)=隊舎・管理棟、家族住宅、汚水処理施設など整備

・基地労働者の労務費=78年度から福利厚生費等、87年度から年末手当や退職手当など8手当、91

年度から基本給等、95年度から労務費全額負担へと拡大
・光熱水料等（91年度から）＝電気、ガス、水道、暖房・調理の燃料費。段階的に拡大し、95年度からは全額負担（上限２４９億円）
・訓練移転費（96年度から）＝日本側の要請による訓練移転の追加的経費負担

世界の駐留米軍の実情を比較したケント・E・カルダーは「アメリカの戦略目標に対し、日本ほど気前のいい支援を行ってきた国はない」(2)と指摘した。米国の同盟国で米軍が駐留している独仏でも、労務費や光熱水費、施設整備費は全て米側負担である。

米国防総省がまとめた、同盟27カ国が２００２年に予算計上した「米軍駐留に対する支援額」データがある。日本の支援額は44・1億ドルとダントツで、次いでドイツが15・6億ドル、韓国8・4億ドル、イタリア3・6億ドルと続く。我部政明・琉球大教授は、米国にとって日米同盟の最大のメリットは自由に使える基地の提供だが、日本本土は「米軍に守ってもらっている」との意識を持ち、重い基地負担を抱える沖縄に対する当事者意識が薄いと指摘する(3)。

16年度から5年間の特別協定による思いやり予算規模は総額９４６５億円で、11〜15年度の総額を１３３億円上回る、年平均１８９３億円となった。「日米関係に水を差してはいけない」と日本側が思いやった結果だった。

16年2月の署名式でケネディ駐日大使（当時）は、日本側負担について「在日米軍が最高水準の運

用を維持することを確実にする。日米同盟がこれほど強固だったことはない」と評価した。岸田文雄外相（同）は昨年の安保関連法成立や日米防衛協力のための指針改定を挙げ、「今回の予算も同盟の強さを示すもの」と応じた。

18年度当初予算では、防衛費は6年連続増加の5兆1911億円に達した。思いやり予算は1968億円と前年度より22億円アップ。内訳は、米軍基地の労務費1521億円、基地で使用の光熱水費232億円、基地関係施設整備費206億円、硫黄島での空母艦載機の着陸訓練費（訓練移転費）9億円となっている。

●グアムでも「負担」

在日米軍の関係経費では、駐留経費負担の思いやり予算以外に、米軍再編関係経費とSACO関係経費がある。2018年度予算は前者が2161億円、後者が51億円で三つの経費の合計は4180億円となる。

米軍再編関係経費（07年度から）は、05年に合意された在日米軍再編計画による、沖縄をはじめ横須賀、厚木、岩国の各基地を中心にした兵力再編に伴う「地元負担軽減等に資する措置」の費用を指す。その焦点となったのが、名護市辺野古への新基地建設が前提条件となる普天間飛行場返還と在沖海兵隊のグアム移転である。

SACO関係経費（1997年度から）。1995年の米兵による少女暴行事件を機に日米両政府が基地負担軽減に取り組んだ、「沖縄に関する特別行動委員会」（ＳＡＣＯ）最終報告の実施経費を指す。報告には、普天間飛行場をはじめ11施設・区域の全部または一部の返還など4項目が盛り込まれ、事業には土地返還や騒音削減対策がある。

在沖海兵隊のグアム移転は、２００６年の「再編の実施のための日米ロードマップ」では、普天間の移設・返還とグアム移転、嘉手納以南の土地返還がリンクして計画され、第３海兵機動展開部隊の要員８千人（司令部中心）とその家族９千人が移転。基地建設などの費用１０２・７億ドルのうち日本側は59％に当たる60・９億ドルを分担するとされた。内訳は上限28億ドルの直接的財政支援、約33億ドルの出資・融資。

この計画は12年に見直され、グアム移転の海兵隊員は沖縄から４１００人、米本土から８００人などとなり、日本の直接的支援の上限は28億ドルと変わらないが、出資・融資は利用しないこととなった。また、普天間移設・返還とグアム移転とのリンクは解除された。

グアム移転では、兵員と家族の移転数が減った残りの予算を使い、マリアナ諸島連邦で米軍と自衛隊共用の訓練場を整備することになった。

国が県民の意思を踏みにじって、普天間の撤去を条件にした名護市辺野古への新基地建設計画を強行した場合、米軍のために1兆円ともいわれる巨額の日本のカネが米軍再編関係経費として移設に使われることになる。

●「言いなり」の構造

思いやり予算の原点となったのが、沖縄返還に伴う日米密約だ。返還協定第7条に明記された表向きの返還費用3億2千万ドル（1972年当時のレートで1152億円）とは別に、「秘密覚書」が交わされた。「基地の移転費用やその他の返還にかんする費用」として計2億ドルを日本側が5年間にわたって、物品および役務で支払うとされた。本来米側が支払うべき岩国・三沢両基地の兵舎改築費として6500万ドルを負担するなどの内容だ。

もう一つは地位協定24条の「リベラルな（自由な）解釈」。つまり、駐留経費の日米相互負担の原則撤廃を米側が要求し、日本側はこれを受け入れた。この時点から地位協定の「自由解釈」と思いやり予算への道が開かれた。

結果、72～77年の間、米政府が沖縄返還に伴って得た利益（総額6億4500万ドル）は、それまで米が沖縄に投入した総費用に匹敵するという(4)。

思いやり予算支出に至る過程をめぐっては、当時のカーター政権による在韓米軍撤退計画に加え、沖縄米軍の縮小・撤退論が重要な契機となったとの研究もある。日本政府が海兵隊の沖縄撤退を危惧したのと、一方の米国はその不安を利用して駐留経費を引き出したという構図である(5)。

日本の防衛政策もこれまで、米の「言いなり」状態できた。日米防衛協力のための指針（ガイドライン、1978年作成）と、2016年3月に施行された「戦争法」（安全保障関連法）も、その流れの中にある。

防衛政策を定める「大綱」は米の戦略に沿って改定されてきた。同様の経緯をたどるガイドラインの再改定は、安倍晋三首相が15年4月に訪米して合意した。97年改定から18年ぶり。集団的自衛権行使容認という平和国家の根幹を揺るがす政策転換だったが、国会と国民的議論も全く経ないまま、「夏までに成立」を約束してきたのであった。「戦争法」は、米軍と自衛隊とのさらなる軍事的一体化を図る新ガイドラインそのままの中身だ。

日本が防衛政策の「お手本」にしてきたのが、米知日派による「アーミテージ・ナイ報告書」。武器輸出3原則の撤廃、水陸機動団の創設(佐世保・相浦駐屯地)、原発再稼働などの要望ほぼ全てを実現した。

日本政府は割高な米国製兵器(防衛装備)の購入にも前のめり。15~18年度、新型輸送機オスプレイは17機導入を計画、関連装備も含めて約3600億円という。この間、高額なステルス戦闘機F35Aを6機(最終的には42機)、高性能の無人偵察機グローバルホーク3機の関連装備、島嶼防衛のための水陸両用車11台、陸上配備型の弾道ミサイル防衛システム「イージス・アショア」整備着手費などが盛り込まれた。オスプレイを載せて上陸作戦を行う強襲揚陸艦導入も検討しており、「戦争する国」へとひた走る。

●再編交付金の「差別」

沖縄の在日米軍関係経費には防衛省関係予算のほか他省庁分の予算がある。うち基地交付金は、米軍関係者の固定資産税など地方税免除による減収分補填として自治体に交付されるもの。沖縄米軍基地所在市町村活性化特別事業（1997年度から総事業費約1千億円）は所在市町村から提案された事業への必要経費補助で、38事業47事案のプロジェクトが進められた。また、北部振興事業は1999年末、沖縄県知事や名護市長が条件付きながら辺野古への新基地建設に「同意」したことを踏まえた特別予算（2000年度から10年間）だ。

こうした手当にもかかわらず、辺野古への新基地着工に至らないことから、登場したのが2007年制定の米軍再編交付金だ。防衛相が「再編の円滑かつ確実な実施に資する」と判断した自治体を対象に、基地建設の進捗状況に応じて交付金が支給される。

自治体の前にアメをぶら下げたような再編交付金。進捗状況は、①政府案の受け入れ、②環境影響評価の着手、③施設の着工、④再編の実施の4段階。この段階に応じて、①上限額の10％、②上限額の25％、③上限額の66・7％、④上限額の100％、と交付額を逓増する出来高払い的支給方法になっている。

辺野古新基地が計画された名護市では10年1月の市長選では新基地を認めない稲嶺進氏が当選。新市長は、道路や小学校整備など前市長時代の継続事業分は計上する方針で臨んだが、防衛省は再三の要望にもかかわらず不交付を決めた。新基地計画は工事着手しているので、③の直前に該当すると思われるが、市長による「理解と協力」が示されないことを理由に挙げた。

稲嶺氏は14年に再選されたものの、18年の市長選では自民・公明と安倍政権が全面支援する元市議に敗れた。

基地建設に異を唱えないのが交付の条件だ。川瀬光義・京都府立大教授（財政学）は「有無を言わさず新たな基地負担を強制しておきながら、自治体の政治的姿勢によって交付金の支給を差別するなどという施策は、民主主義とはけっして相容れるものではなく、そうした施策の財政支出は正当性を欠くと言わざるを得ない」(6)と指摘する。

映画『ザ・思いやり』では、前泊博盛・沖縄国際大教授（沖縄経済論）も登場。過大な思いやり予算などの不条理な仕組みを、手作りボードを使って説明していた。沖縄関係（県によると、2012年度で485億7千万円）では、基地ごとにある多数のゴルフ場、高層マンションの家族住宅、設備万全のハイスクールなどが例示されていた。

前泊教授は自著(7)で、沖縄の基地で使われる年間の光熱水料について、電気代は100億円超、水道料金は25～30億円と紹介。「自分が支払う必要のない軍人たちは、『暑い部屋にもどりたくない』と、クーラーをつけたまま外出するといいます。なかには換気のため、旅行中もつけっぱなしというケースもあるようです」と書く。

在日米軍の関係経費は、思いやり予算と再編関係経費、SACO関係経費、それに借地料負担などを含めると、年間7千億円台に膨れ上がる。駐留する経費の7割を優に上回る日本側の負担だ。米国防総省の在日米軍関係の軍事建設予算は、90会計年度からゼロになっているという。

トランプ大統領は当初、米軍駐留経費のさらなる負担を求めると公言していたが、口にしなくなった。こうした日本の「厚い思いやり」を知ったからだろう。米軍駐留はあくまで米国の利益、世界戦略のためで、日本防衛のためではない。「思いやり」が過ぎるというほかない。

【注】

（1）前田哲男『在日米軍基地の収支決算』（ちくま新書、２０００年）
（2）川瀬光義「米軍基地と財政」（シリーズ日本の安全保障『沖縄が問う日本の安全保障』所収、岩波書店、15年）
（3）『毎日新聞』「思いやり」特集（16年1月15日、東京夕刊）
（4）『前衛』03年2月号「検証「思いやり予算」の二十五年（上）」（日本共産党中央委員会、我部政明『沖縄返還とは何だったのか』から引用）
（5）野添文彬「「思いやり予算」と日米関係１９７７―１９７８年」（『沖縄法学』第43号所収、沖縄国際大学法学会、14年３月）
（6）川瀬前掲論考
（7）前泊博盛『本当は憲法より大切な日米地位協定入門』（創元社、13年）

コラム 【軍用地の強制接収】

農民は非暴力で頑強に抵抗

戦後、米国の極東戦略の要《かなめ》に組み込まれた沖縄は、各地で米軍による土地の強制接収に見舞われた。1952〜55年、「銃剣とブルドーザー」とで。真和志村（現・那覇市）の4集落、宜野湾村伊佐浜、伊江島・伊江村の2集落……。

米軍による暴力と無法に対し、住民が非暴力の抵抗運動に立ち上がった代表例が「伊江島闘争」。伊江島では1943年、日本軍による飛行場建設で全農地の2割が接収、一部住民は沖縄本島や九州に疎開させられた。戦後、猛爆に生き残った住民は那覇西方の慶良間《けらま》諸島へ移送。2年後に許可されて帰島すると米軍の飛行場が建設、集落は一変していた。

島の暮らし再建途上の53年7月、米国民政府は今度は、真謝《まじゃ》、西崎の土地に射爆場を作るとして、計150戸の立ち退きを通告。寝耳に水で農民らは猛反発した。

米軍は55年3月、武装兵300人を上陸させて村役所と農民を包囲。ブルドーザーで13戸の農家を破壊、81戸の農地を接収した。農民は、生きるための生活保障を要求、大挙して那覇の琉球政府に押しかけ座り込んだ。警官に排除されれば、警察署に押しかけて泊まり込む必死さだった。

農民は徹底した非暴力実力闘争で米軍に抵抗。万策尽きた農民たちは「乞食」になることを決意する。乞食姿で沖縄本島を縦断行脚し、実情を沖縄全体に訴えた。先頭ののぼりには「乞食をするのは恥ずかしい。しかし、乞食をさせるのはなお恥だ」とあった。

58年末、米軍の一定の打開策で闘争は一応収束。だが、闘争を率いた村議、阿波根《あはごん》昌鴻《しょうこう》らは軍用地契約を拒否。阿波根は「反戦地主」としての確信と高い志とを102歳で死去するまで保った。

Ⅳ章　軍事国家への道

12、日米の軍事的一体化加速
～「平和国家」脱ぎ捨て

「一強」におごってきた安倍政権。森友・加計問題で、内閣支持率はいったん急落した。だが、首相は改憲の方針は変えていない。自衛隊を文字通りの軍隊にする布石が次々と打たれ、日米の軍事的一体化が加速。沖縄での基地共同使用も増加している。他方、自民党は２０１８年６月、次期防衛計画の大綱（18年末策定）に向けた提言をまとめた。防衛費の拡大を抑えてきた対ＧＤＰ（国民総生産）比１％の突破や敵基地攻撃能力の整備、海上自衛隊の護衛艦「いずも」を念頭においた空母化など多次元の防衛構想。あからさまな軍拡路線だ。

専守防衛の原則はどんどん空洞化、国際的な「平和国家像」はまさに危機に瀕している。

●戦争法が始動、平時から米軍支援

青い海原が続く房総半島沖、２０１７年５月１日午後。米海軍の貨物弾薬補給艦に寄り添うように航行する護衛艦「いずも」の姿があった。16年３月に施行された「戦争法」（安全保障関連法）に基づき、自衛隊が平時から米軍の艦船などを守る任務「武器等防護」が初めて実施された。いずもは横須賀基地（神奈川県）を出港して合流、四国沖まで一緒に航行した。弾道ミサイル発射を繰り返す北朝鮮に対し、日米の強い連携を示して牽制する狙いがあったとみられる。補給艦は米太平洋艦隊の艦船に補給するのが任務だったという。

いずもは海自最大級の護衛艦（３万トン級）。全長２４８メートルの広い全通甲板を持ち、哨戒ヘリコプターを搭載する。空母化では米軍のＦ35Ｂ戦闘機の発着を想定している。

自衛隊法95条に盛り込まれた武器等防護は、平時、あるいは武力攻撃を受けたとまでは言えない「グレーゾーン事態」で、自衛隊と連携して我が国の防衛活動をしている米軍などの武器・艦船や設備を防護する枠組み。自衛隊は攻撃に反撃する正当防衛と急な攻撃を避ける緊急避難の場合に限って武器を使えると定める。防護対象は北朝鮮による弾道ミサイル発射を警戒する米海軍のイージス艦、放置すると日本が攻撃される恐れのある「重要影響事態」における米軍の後方支援活動などを想定。豪州なども対象の視野に入れている。17年には２回実施された。

16年12月、政府の国家安全保障会議（ＮＳＣ）が「戦争法」に基づいて運用指針を決定し、安倍政権は実施時期を探っていた。想定していたイージス艦ではなく補給艦を防護したのは「実績づくり」

からで、米側から強い要請があったとする。

防護任務は「強化された日米同盟の象徴」（政府関係者）ともされる。だが、防護する米艦に攻撃が仕掛けられたら、海自の艦長は直ちにミサイルか砲弾の発射命令を下す決断を迫られる。敵対国からみれば米軍と一体化した自衛隊も「敵軍」となるのは明らか。自衛隊の武器使用が紛争への引き金を引き、戦争へとエスカレートする危険性を孕む。

「戦争法」では米艦防護などを実施するかどうかの判断を防衛相に委ね、国会が関与する余地はない。さらに問題なのは、発令してもその事実を公表しないことだ。運用指針では速やかに公表するのは、「警護の実施中に特異な事象が発生した場合」などに限られる。防護の地理的制約もなく、自衛隊は世界中で発動できる。

こうしたことから、共産党の志位和夫委員長は「米国が北朝鮮への軍事攻撃に踏み切った場合、自衛隊は自動的に参戦することになる」と批判。防護任務の非公表について、柳沢協二・元内閣官房副長官補は「そうなると、自衛隊が実際に攻撃を受けて相手と交戦状態になったときに初めて、国民が事態を知ることにもなる」(1)と危険性を指摘する。

「戦争法」施行に伴う、もう一つの危険な軍事案件が17年4月、国会で可決された。自衛隊が他国軍と物資などを融通する手続きを取り決める「物品役務相互提供協定（ＡＣＳＡ）」の改定や新規締結だ。日米、日豪の改定と日英の承認案。仏とも18年7月、協定に署名した。

通常の「後方支援」は食料・水、燃料、人や物の輸送だ。今回、他国軍に対し弾薬提供や発進準備中の戦闘機にまで給油できるよう適用範囲を拡大したのが大きな問題である。それが出来るのは、日本が直接攻撃される場合のほか、他国への攻撃で日本の存立が脅かされる事態、放置したら日本が攻撃される恐れがある事態、国際社会を脅かす戦争・紛争に対し国際社会が共同で対処する事態。結果、地球規模の相互支援となる。

例えば、テロとの戦いで中東に展開する米艦船や爆撃機への支援が可能となる。平時でも北朝鮮の弾道ミサイル発射を警戒する日本海の米艦船への弾薬提供が出来る。他国軍が敵対する国から見たら日本も敵視され、ここでも、自衛隊の活動が「非戦闘地域」から「戦場」に限りなく近づく。

米軍への補給はすでに実施されている。17年には5～12月、日本海などで北朝鮮の弾道ミサイル警戒中の米海軍イージス艦に対し、海自補給艦が計17回にわたり計約5500キロリットルの燃料を補給したことが判明している。事実上の日米共同作戦だ。政府は今後、ＡＣＳＡ締結国をさらに広げていく方針でいる。

16年11月、「戦争法」に基づく「駆けつけ警護」の新任務が、南スーダンのＰＫＯ（国連平和維持活動）部隊に発令された。自らの身を守るためにだけしか認められていなかった武器使用基準を緩和し、他国軍や国連職員を守れるようにした。武器使用の次元は警察的手法から軍隊的手法に変化した。

「宿営地の共同防護」も任務に加わり、危険度はその分、高まった。国に準じるような集団との戦闘になれば、憲法９条が禁じる武力行使につながりかねない。

南スーダンに施設部隊が派遣されたのは12年1月で、首都ジュバで道路補修などにあたってきた。

13年12月には事実上の内戦が勃発し、治安が悪化した。PKO派遣5原則（紛争当事者間の停戦合意成立や受け入れ合意）との整合性が厳しく問われた。このため政府は撤収を決め、17年5月に最後の派遣部隊が帰国した。幸いにも新任務発動の機会はなかった。

●「戦う自衛隊」へ指揮系統一元化

２０１７年度、陸上自衛隊は「創隊以来の大改革」と位置付ける組織再編を行った。陸自の統一指令部「陸上総隊」が18年３月、朝霞駐屯地（東京都練馬区など）に新たに編成された。各部隊の全国的運用態勢強化と部隊間の迅速な統合運用を図ることにした。「戦争法」施行で、米国とともに「戦う自衛隊」へと変貌する。

防衛相はこれまで、統合幕僚長の補佐を受けつつ、地方5方面隊（北部、東北、東部、中部、西部）を直接指揮してきたが、今後は陸上総隊への指揮に一元化される。陸上総隊は、有事対応や海外での活動を担った「中央即応集団」（司令部は神奈川県・座間駐屯地）が土台となった。

陸自は同時に、相浦駐屯地（長崎県佐世保）に創設した水陸機動団を陸上総隊の指揮下に入れる。島嶼《とうしょ》への侵攻があった場合、上陸・奪回する水陸両用の作戦能力を備えるとし、米国製水陸両用車ＡＡＶ7を18年度までに計52両調達する。人員は約２１００人態勢でスタートし、３千人規模に増やしていく。

陸上総隊創設は13年の防衛計画の大綱に「統合機動防衛力」の構築として盛り込まれていた。冷戦以来の北方重視から南西方面重視への戦略転換を理由にする。

陸上総隊司令部は司令官―幕僚長の下に5部ある。そのうち、日米の連絡調整を図る「日米共同部」は、米陸軍キャンプ座間のある座間駐屯地に置かれる。15年4月に改定された日米防衛協力のための指針（新ガイドライン）では、平時から日米協力を強化する「共同計画の策定」が盛り込まれ、日米共同部はその要だ。キャンプ座間には第1軍団前方司令部が移駐（07年）してきており、日米陸軍連携の基地となる。

新ガイドラインで重要な点は、日米軍事協力の統合・連携組織「同盟調整メカニズム」の設置だ。平時から緊急事態まであらゆる段階における政策面や運用・作戦面の調整、情報共有を日常的に図る。

他方、世界最高水準の海軍力を持つとされる海上自衛隊。15年度から、米軍と緊密に連携する態勢を確立するため、横須賀基地（神奈川県）に「海上作戦センター」建設を進めている。海自は米軍との軍事的一体化が最も進んだ部隊。米海軍省には連絡将校が派遣され、横須賀の第7艦隊旗艦「ブルーリッジ」の戦闘指揮所には自衛隊将校が常駐している。08年から、原子力空母の母港に。

航空自衛隊は世界的に見ても防空能力が高い。ここでも、日米の一体化が進む。航空総隊司令部が12年3月、空自府中基地（東京都）から在日米軍司令部・米第5空軍が所在する横田基地（同）に移転した。日米はミサイル防衛の拠点となる「調整所」を総隊司令部の地下に新設。日米の幹部がミサイル情報を共有したり、海自イージス艦の配置を協議したりする。沖縄では17年度、那覇にある南西航空混成団が南西航空方面隊に格上げされた。

こうして、陸海空自衛隊と米軍との全体的統合は次のようになる。

◆陸上総隊の日米共同部＝米陸軍・司令部のキャンプ座間
◆海自の最高司令部・自衛艦隊＝横須賀基地の米第7艦隊
◆空自の航空総隊司令部＝横田基地の米司令部・第5空軍

軍事評論家の前田哲男は「ガイドライン下での自衛隊活動は、米軍指揮のもとにあるとみなすのが妥当」(2)とみる。「専守防衛」のはずの日本の自衛隊が「戦う自衛隊」になっていいのか。日本の防衛費は現在5兆円を超える規模。18年度は約5兆2千億円と過去最高額になり、第2次安倍内閣になってから連続の増加だ。16年の世界の軍事費比較（ストックホルム国際平和研究所調べ）では、日本は仏英に続いて8位で、9位にイタリアが続く。5位までは、米中ロの次にサウジアラビア、インドがくる。

自衛隊は世界的に見ても有数の軍事力を持つ。一般にはどれだけ知られているだろう。自衛隊の兵力を欧米国と比較すると驚く。前田の前掲・注（2）と同じ『世界』の連載（16年12月号「自衛隊変貌」第1回）によると、15年の英国際戦略研究所調べでは、自衛隊が24万余人なのに対し、英国が15万余、フランスが20万余、ドイツが17万余、イタリアが17万余で、日本が大きく上回る。ドイツ陸軍は陸自の半分以下、英海軍より海自の方が1万人以上も多い。

その理由は、ＥＵ諸国が冷戦後、大幅な軍備縮小に向かったのに対し、日本の兵力は１９９０年当時の規模のままだからだ。差異の根底にあるのは、ＥＵ諸国の安全保障観で、90年代、「共通の外交・安全保障政策」に転換した。欧州通常戦力削減条約が結ばれ、主要兵器の上限と劇的な削減が行われたのである。

90年と２０１５年を比較すると、作戦機ではＥＵ４カ国空軍はほぼ半分以下に削減されたが、日本は４２２機から５５７機に増強。海軍勢力でも、日本はヘリ空母やミサイル駆逐艦を増強するなど、遠征できるような大型化と高戦力化が著しい。日本は冷戦後も安保政策は何ら転換されず、「かえって『日米同盟の深化』という軍拡路線が加速された」（前田）のだった。

●日米の緊密演習、沖縄基地も「共用」

17年4月23日、フィリピン東方の西太平洋。米原子力空母「カールビンソン」と巡洋艦、駆逐艦の3隻と、海自護衛艦「あしがら」「さみだれ」の2隻とが合流し、通信などの共同訓練を展開した。様々な陣形をとりながら日本近海に向けて東シナ海を北上。「日米間の戦術技能の向上」という訓練本来の目的以上に、日米の連携を内外に示し、ここでも北朝鮮、さらに中国を牽制する狙いがあった。カールビンソンを中心とする第1空母打撃軍のキルビー司令官は「米軍と自衛隊との関係はかつてないほど良好だ」(3)と語った。

自衛隊と米軍との緊密な展開は続く。17年6月2日、日本海。「カールビンソン」「ロナルド・レーガン」艦隊と海自護衛艦2隻と空自のF15戦闘機部隊が、空母艦載機との共同訓練を実施した。自衛隊の部隊が2隻の米空母と同時に訓練したのは記録の残る過去30年間で例がない。訓練は日本海から沖縄東方沖へと展開、9日まで続いた。

自衛隊は後方支援対象を拡大させた「戦争法」と歩調を合わせ、日米同盟を補完する「準同盟」関係づくりにも力を入れる。15年7月、米豪両軍から3万人以上が参加し豪州北部で行われた合同軍事演習(2年に1度)に初めて参加。米国は日米豪の連携をアジア太平洋地域重視のリバランス政策(勢力再配置)の柱に位置付ける。

17年7月には、海自とインド、米両国の海軍による海上共同訓練がインド洋で行われた。海自は14年から毎年加わってきたが、この年から正式に3カ国共同訓練となり、700人が参加してインド洋進出を図る中国をにらむ。さらに、日英初の戦闘機部隊による共同訓練(16年11月、青森県・三沢基地)を実施。16年秋の日米共同統合演習(10～11月、沖縄近海や米グアム周辺)では、英・豪・韓軍がオブザーバー参加するなど、軍事協力関係の構築が急だ。

海自が初めてリムパック(環太平洋合同演習)に参加したのは1980年。米海軍が主催しハワイ周辺で行われる軍事演習で、71年から始まった。80年当時は対ソ戦略の演習が中心だった。英仏蘭、中国、韓国、東南アジア諸国など広範囲の国々が参加。海自が指揮を務めたこともある。陸自も14年から参加している。

日米間では82年から、陸自との共同指揮所演習と陸上共同実働演習が開始された。空自では79年から、日米航空共同演習を行ってきた。86年には、自衛隊・陸海空と米4軍による日米共同統合演習が初めて行われた。計1万3千人が参加、在韓米軍も含めた統一運用の第一歩となった。実働演習と指揮所演習を隔年で実施している。

その後、陸自では対ゲリラ戦、市街地戦闘訓練も加わり、「敵国」を想定した実戦さながらの演習形式や共同する範囲を拡大している。空自でも米本土での航空戦闘訓練に常時参加するなど、日米共同作戦のさらなる深化の道を歩む。

沖縄の米軍基地――。日米の軍事的緊密化は、基地共同使用・訓練や自衛隊の「基地内研修」の増加という形で現れている。新ガイドラインでは、相互運用を広げるために「施設・区域の共同使用を強化」とうたっていることに相応する。

陸自は08年3月から、キャンプ・ハンセンで射撃訓練などを実施する。12年からは、キャンプ・ハンセンやシュワブ、ホワイト・ビーチ地区などで、米軍の水陸両用作戦の訓練にも参加。新編成の水陸機動団で導入する水陸両用車の操作を学ぶ狙いもあるという。

米軍北部訓練場では、陸自が16年9～12月、海兵隊との事実上の共同訓練・ジャングル戦闘を3回実施している。防衛省は、自衛隊組織としての任務遂行目的は「訓練」、隊員個人の能力向上を図るのは「研修」と呼び、今回は「研修」とする。

防衛省のまとめでは、自衛隊の米軍基地内研修が増えており、15年度は記録が残る08年度以降最多の48回（空自26回、陸自21回、海自1回）を数えた。中でも陸自は15年度、テロ対策などの専門部隊、中央即応集団特殊作戦群が「特殊作戦研修」に4月と8月、それぞれ10人が参加している。

民主党政権下の12年、防衛省はキャンプ・シュワブやキャンプ・ハンセンなどに陸自を常駐させる計画を立案した。「伊江島補助飛行場など県内13施設と周辺2水域を『共同使用』の候補地として挙げるなど、沖縄を舞台に、水面下で軍事一体化計画が進んでいる」(4)との見方ができる。

●「一体化」の下で、制服組は〝政治化〟

平時から有事まで切れ目なく、米軍等を後方支援する「戦争法」。米国の意思を反映しているが、そのものの内容が盛り込まれた日米新ガイドライン改定が先だったことを想起したい。安倍首相は2015年4月、国会論議も全く経ないまま、米に赴いて改定に合意、「(安保関連法を)夏までには成立させる」と米連邦議会で勝手に約束。これで日米の同盟関係は「希望の同盟」になると高揚して演説したものだ。

新ガイドラインは有事の際、自衛隊と米軍との役割分担を決める政策文書。本来は文書だが、日本政府では憲法より上位にあるかのような扱いになっている。最初の文書は旧ソ連の侵攻を想定して1978年に作成された。日本が武力攻撃された際の共同対処を定め、「自衛隊は盾、米軍は槍」の役割だった。97年の改定では、日米同盟は世界戦略の土台と位置付けられた。

これを受けて日本は99年、朝鮮半島有事を想定した周辺事態法を制定。「非戦闘地域」なら米軍の補給、輸送、医療などの対米後方支援ができる仕組みを作った。

ガイドライン再改定に至る半年前、14年12月17日のことである。自衛隊制服組トップの河野克俊統合幕僚長が米国防総省を訪問し、米軍トップの陸軍参謀総長ら幹部と会談。参謀総長が新ガイドラインや安保関連法（戦争法）について言及、一連の法整備が日米政府との制服組同士で周到に練られていたことをうかがわせた。河野氏は「来年夏までに」法整備が整うと答えていて、安倍首相が述べた「夏まで」と合致する。議論も何も始まっていない段階での「戦争法」成立を当然の前提として語っていた。国防総省高官との会談で普天間基地移設問題が俎上《そじょう》にのぼった際には、安倍政権の考え方まで述べている(5)。

15年9月の国会審議で暴露された「取扱厳重注意」の内部文書で、こうしたやり取りが明らかになった。河野氏の発言は政治家顔負けの政治判断だ。

統合幕僚長は陸海空自衛隊の運用を一元化した統合幕僚監部の「長」だ。06年、それまでの統合幕僚会議を改め、大幅に権限を強化して発足。戦争する外国軍のように指揮権を統一した。くだんの安倍首相は15年3月の参議院予算委員会で、日米共同作戦に関する質問に対し、「わが軍は……」と言い放った。

安倍政権下では、自衛隊制服組の影響力が強まっていて、首相と河野統合幕僚長との面会は16年度でみると、防衛次官の3倍近くの56回にのぼる親和力の高さだ。1次政権では統合幕僚長との面会はゼロだった。

この傾向を後押ししたのが、13年度に新設された安全保障の司令塔、国家安全保障会議だ。米国になった「日本版ＮＳＣ」で、統合幕僚長も出席するからだ。政府関係者は「首相は自衛隊の最高指揮官として、日頃から連携を深めることが大事だと思っている」(6)と話す。

河野統合幕僚長は17年5月、安倍首相の「改憲」発言をめぐる感想で物議を醸した。日本外国特派員協会であった記者会見で、首相が憲法9条への自衛隊明記を提起したことについて問われ、「一自衛官として申し上げるなら、自衛隊の根拠規定が憲法に明記されるのであれば非常にありがたいと思う」と発言した。

自衛隊法は隊員の政治的行為を制限している。同法施行令は具体例として、政治の方向に影響を与える意図で特定の政策を主張したり反対したりすること、などをあげる。首相の改憲提案は極めて政治的なテーマだ。河野氏の感想は問題発言に違いない。

安倍政権は制服組に重きを置き、河野氏は頻繁に首相と会い、軍事的な助言をする立場にいる。「文民統制の観点からも見過ごせない」(『朝日新聞』17年5月25日付社説)。

今度は18年4月、統合幕僚監部に勤務する30代の3等空佐が小西洋之参院議員に暴言を吐く問題が起こった。「お前は国民の敵だ」「国益を損なう」などと発言、防衛省は訓戒処分にした。処分に対しては「甘すぎ」との批判が出た。

おごる制服組の政治化の一端が現われたと見るべきだろう。

●文民統制の危機・武器輸出推進

自衛隊制服組の影響力が増しているのは、防衛省の文民統制が危機に瀕し軍事色が濃くなった表れだ。２０１５年の改正防衛省設置法で、防衛省内で優位に立ってきた「背広組」の内局文官と、陸海空の「制服組」武官とが対等の立場となり、防衛相を横並びで補佐する体制になった。

文民統制は戦前、軍部独走を許したことから生まれた。防衛相が各部隊へ命令や人事を発令する際、各幕僚長から防衛相に連絡する際は背広組を通す仕組み。作戦計画も内局がチェックしていた。一方で制服組からは、「部隊運用になぜ内局が口出しするのか」との不満が一部に出ていた。

現在は例えば、北朝鮮からのミサイルへの対応や大規模災害などの際には、自衛隊からは背広組を通さずに防衛相に直接、指示を仰ぐ連絡が上がる。防衛相からは各幕僚長を通じて直接各部隊に指示が出るようになる。軍事部門に対する文官のチェックが効きにくく、防衛相の責任と能力が極めて重要になる。

安倍政権はこれまで、有事には4大臣会合で戦争遂行が決められる国家安全保障会議設置（13年）を皮切りに、武器輸出三原則を撤廃（14年）した。武器共同開発のための政府間協定は米・英・仏・豪・独と相次いで締結してきた。

政権はさらに、15年5月には国内初の大型武器展示会を横浜市で開催するなど、武器輸出に前のめりになる。米国に地対空ミサイル「ＰＡＣ２」部品の輸出、豪州への潜水艦・英国への対潜哨戒機売り込み（いずれも失敗）、インドへの救難飛行艇輸出（難航）……。

一方、経団連は15年9月、武器輸出を「国家戦略として推進すべきだ」とする提言をしており、米国のような「軍産複合体」形成が現実味を帯びる。矢継ぎ早の軍事化路線の仕上げが、16年3月の「戦争法」施行と捉えられる。

政権は軍事研究支援にも手を伸ばす。防衛省が大学や研究機関を対象に、15年度から始めた「安全保障技術研究推進制度」。武器開発につながりそうな基礎研究を公募し、研究資金を提供する。当初は予算3億円だったが、16年度に6億円に倍増。自民党国防部会の強い主張を背景に、17年度には一挙に110億円に増やされ、構造的な研究費枯渇に悩む大学研究者に潤沢な資金をちらつかせた。18年度予算は約101億円。

大学研究者が戦前、軍事研究に携わった歴史への反省と学問の自由から、科学者の代表機関・日本学術会議は1950年と67年、「軍事目的の科学研究はしない」との声明を出した。今回の制度に応募する大学が相次ぎ、学術会議では16年6月、この問題を議論する検討委員会を設置。過去2回の声明を「継承」する内容の新声明を17年3月に出した。ただ、技術の軍事・民生の垣根はあいまいで、なお波紋を呼んでいる。

米国の「核の傘」に過度に頼る日本。防衛費を5兆円台に増額させ、米国から兵器（防衛装備品）を〝爆買い〟して装備を強化、「傘」を支える体系づくりだ。

そうした一つが、2023年度の運用開始をめざす陸上配備型迎撃ミサイルシステム「イージス・アショア」（候補地は秋田市、山口県萩市）。当初の2基で2千億円弱は海上保安庁の年間予算に匹敵する規模だが、防衛省は18年7月、約5千億円にも膨らむ見通しを明らかにした。防御能力には疑問もある。

米国からの兵器購入も商社を通じた一般輸入ではなく、日米両政府間で取引する「有償軍事援助」（FMS）による調達が多い。軍事技術流出を防ぐ名目で、維持整備も米側が受け持つために極めて割高になる。FMSで17〜19年度に調達開始される主なものは、F35A戦闘機42機、MV22オスプレイ17機、無人偵察機グローバル・ホーク3機、E2D早期警戒機4機。オスプレイの場合、機体の調達費（計1842億円）とは別に、維持整備費として20年間で総額4600億円（年平均230億円）かかる。4機種合わせた維持整備費は年平均で約860億円にのぼるという。

安倍政権になってから、トランプ米大統領が手放しで喜ぶ、米製兵器の購入増大は続く。

【注】

（1）両談話は『朝日新聞』17年5月2日付
（2）『世界』17年4月号「自衛隊変貌」第4回
（3）『朝日新聞』17年4月24日付
（4）『沖縄タイムス』17年1月10日付
（5）纐纈厚『暴走する自衛隊』（ちくま新書、16年）
（6）『朝日新聞』17年4月4日付

13、沖縄「島嶼戦争」の危険性

～東アジアの信頼醸成急務

鹿児島県奄美大島から沖縄県与那国島まで南西諸島の島々で、自衛隊のミサイル群が矛先を中国大陸方面に向けて並ぼうとしている。太平洋進出を図る中国に対する島嶼《とうしょ》防衛作戦計画だ。国会論議もほとんどなく、国民も知らないうちに事態が進行する。

２０１７年秋。島嶼侵攻への対処能力向上を目的にした陸上自衛隊の大掛かりな実動演習が九州各地と沖縄県内で行われた。陸自最大規模の実動演習の一つで、人員約1万４千人、車両３８００台、航空機約60機が参加。自衛隊だけでなく、在沖米軍基地や艦艇も使用し、九州から与那国島の間で部隊展開や民間輸送などが行われた。念頭にあるのは「尖閣有事」だ。

島嶼防衛を担わされる先島諸島（与那国、宮古、石垣）と奄美。だが米国の戦略では対中有事の際、米軍は中国のミサイル攻撃を避けるためグアム以遠に一端撤退するとある。自衛隊配備が着々と進むにつれ、最前線にされる先島３島が「標的の島」となる危険性が高まる。

少しでも紛争が起きれば、沖縄の観光は甚大な被害を受け、県民の暮らしにも波及する。

●島嶼配備―その危険性

先島諸島と奄美大島への陸上自衛隊ミサイル部隊などの配備計画。2013年12月、日本の防衛シフトを南西方面中心に替える戦略転換が、今後10年程度の防衛力整備の指針「防衛計画の大綱」で打ち出されたことに伴う。まだ配備が実施されていない宮古島と石垣島では住民らの粘り強い反対運動が続いている。

〈与那国島〉 配備が先行し16年3月、沿岸監視部隊の運用が開始された。対艦・対空レーダーを装備し、一帯を航行する船舶や航空機の情報収集や中国軍の通信傍受が任務。部隊は約160人だが、今後、航空自衛隊の移動警戒隊（車載式の移動警戒管制レーダー装備）も加わると200人規模となる。巨大弾薬庫も建設され、部隊増強が確実視されている。

隊員の家族を合わせると約250人。島の人口は15年1月が1489人だったのが配備後は1700人台になり、15％ほどが自衛隊関係者で占められる。島の人口は減り続けており、住民には「ここが自分の故郷か」との声も漏れ、町長選にも自衛隊票が影響する。

〈宮古島〉 部隊の指揮所と防衛作戦で実動の警備部隊、地対艦・地対空ミサイル部隊の約800人の配備が計画されている。二つの候補地のうち、一つは地下水源への影響を住民らが懸念して断念。防衛省はゴルフ場の土地を買収して部隊庁舎を建設することになった。ミサイルなどを保管する弾薬庫の建設地は18年1月、防衛省が旧鉱山跡に「決定した」と発表。民家まで200メートルしか離れておらず、近接の保良部落会は反対の決議案を賛成多数で可決している。

自衛隊配備計画は宮古島では15年5月、住民には全く知らされないまま、降ってわいたように起こった。市長と市議会多数は容認したが、住民の反対は続いている。

〈石垣島〉15年11月に配備要請があり、宮古島同様に警備部隊と地対艦・地対空誘導弾部隊の約600人の配備が計画されている。宮古島の指揮所が統合運用する。18年度予算には施設設備関連経費136億円を計上。

配備推進の現市長は18年3月に3選、配備を推し進める構え。これに対し、計画地4集落は緊急集会を開いて推進に懸念を示した。「石垣島、女性有志の緊急行動」(20人余)は「住民無視」と抗議声明。

〈奄美大島〉奄美市と瀬戸内町の2カ所で、警備部隊と地対艦・地対空ミサイル部隊など計約600人の配備が計画され、豊かな森林を切り裂いた造成工事が進む。18年度中の配備を計画。これに対し、「戦争のための自衛隊配備に反対する奄美ネット」の地元住民など約30人が17年4月、人格権や環境権、平和的生存権が侵害されるとして関連施設の建設差し止めを鹿児島地裁名瀬支部に申し立てた。18年4月、差し止めは認められなかった。

南西重視戦略による総兵力は1万5千人規模。こうした配備について、軍事ジャーナリストで元反戦自衛官の小西誠は、住民の避難計画が何ら示されていないことを踏まえ、「自衛隊の想定する島嶼防衛戦争が勃発したとするなら、先島諸島などは『標的の島』となり、相互に何度も繰り返される島嶼上陸・奪回作戦により、まさしく『一木一草』も残らない焦土と化してしまうであろう」と警鐘を鳴らす(1)。狭い島内では住民混在の防衛戦となるからだ。

自衛隊による防衛の「南西シフト」は自衛隊始まって以来の大再編とされ、九州―沖縄本島―先島諸島を結ぶラインへの重点配備である。これは中国が主張する自国の防衛線「第1列島線」（九州からボルネオに至る線）にも沿っている。

有事の際、沖縄本島と先島諸島の事前配備部隊は戦闘正面に立つ役割を担う。増援部隊の中核となるのは相浦駐屯地（長崎県佐世保）に新編成された水陸機動団だ。陸自初めての緊急展開特殊部隊を母体に発足、3千人規模となる。これまで海兵隊との共同演習も繰り返してきており、米海兵隊のように、敵が占拠した島嶼などで反攻・奪回を試みる先兵となる。

米軍佐世保基地には、有事の際に海兵隊員やオスプレイ・水陸両用車を運ぶ強襲揚陸艦の母港がある。佐世保は島嶼奪回作戦の日米の拠点といえる。水陸機動団の〝出先〟として20年代前半を目途に、米軍基地キャンプ・ハンセンへ1個連隊配備が検討されている。初動を考えると沖縄本島に駐留した方が有利との考え方だ。

増援部隊を含めて数万人規模の動員が想定される「島嶼戦争」。15年の防衛白書は、防衛大綱に基づく「統合機動防衛力の構築」のために、「島嶼部に対する攻撃への対応を特に重視している」と記述する。陸自では2000年ごろから、南西諸島防衛の戦略を研究し、演習も重ねてきた。対中抑止戦略そのものである。

沖縄本島でも近年、自衛隊の増強が続く。在沖の陸海空部隊の自衛官数は15年1月時点で計約6500人（県資料）だが、8千人規模に拡大していく。10年に「即応近代化旅団」（離島型）として第15旅団に格上げされた陸自では、18年に入り地対艦ミサイル配備と弾薬や物資の補給拠点を勝連分屯地（うるま市）に設ける動きが明らかになった。

空自那覇基地では16年、F15戦闘機が2飛行隊・40機に倍増され、第9航空団に新編成された。また、海自もP3C対潜哨戒機の増強を図っている。

先島3島の自衛隊配備状況を精査した小西は、宮古島配備予定の警備部隊（歩兵部隊）は単独で初動の島嶼防衛戦を担う役割を持ち、近い将来に増強は必至とみる。宮古島は指揮所を地下司令部化して先島配備部隊の統合運用を図り、戦端に備えた弾薬、食糧、燃料の事前集積拠点としても予定。空自の宮古島レーダーサイト（宮古島分屯基地）と併せて要塞化するとみられる。ここには地上電波測定装置も配備、情報収集の電波傍受に当たる。

台湾との海峡をにらむ与那国も中国封じ込めの対潜戦略から重要。現人員に合わない基地敷地の広さ、貯蔵庫の大きさからは、さらなる増強が想定されると小西はみている。

●島嶼戦争―それは米戦略

中国側から「琉球弧」を見た地図がある。弧状の日本列島に連なって奄美大島、沖縄本島、宮古島、石垣島と続き、台湾に近い与那国島までが、中国の海洋進出を封じるかのように位置する。そこの島々からのミサイル群と対潜戦略が自国に向けられたらどうか。中国が身構え、「挑発」と受け止められても仕方がないだろう。

南西諸島の種子島（鹿児島県）、沖縄島恩納村、久米島、宮古島、石垣島には、日本の測位衛星「みちびき」の地上管制局が設置。これはミサイル戦争に備えた宇宙の軍備拡張とされる。

さらに防衛省は2018年度予算に、島嶼防衛用の「高速滑空弾」の研究開発費として100億円を計上した。外国軍に占領された島を奪還するため、超音速で滑空する新型ミサイル。「戦争法」施行で専守防衛のタガが外れたような攻撃的兵器だ。軍拡が軍拡を呼ぶのは安全保障論の常識である。

対する中国の戦略はどうか。中国は、海空戦力と対艦・対地ミサイルによって第1列島線への接近を阻む「接近阻止／領域拒否」（米国防総省による呼称）の戦略を持つ。

これに対し米国は12年の新国防戦略指針で、対抗的封じ込めの「統合エアシー・バトル構想」を打ち出した。陸海空、宇宙・サイバー空間が一体となった大規模な統合作戦で、全ての作戦領域で中国軍を封じ込め、西太平洋の軍事バランスを維持する限定戦争戦略。同盟国を使った中国包囲網の構築だが、海兵隊の役割は想定されていない。

この構想では、中国軍は先制攻撃で在日米軍基地や米領グアム基地を空爆や弾道ミサイルで攻撃。米軍の作戦遂行能力を殺ぐ短期的勝利を企図するとみる。

米国は中国の第一撃から戦力を温存するために沖縄や西日本に所在する空軍力を北日本やグアム以遠のテニアンやサイパンに避難させたうえで遠距離反撃する戦略を描く。南西諸島配備の自衛隊は住民と共に米軍に取り残され、まともに中国軍の攻撃にさらされる。

制空権を取り戻すためには、嘉手納と那覇のほかに三つ目の飛行場が必要と米側は考え、それが辺野古新基地だ。在沖米軍基地の中国のミサイルに対する脆弱性はこれまでもよく指摘され、米軍抑止力論はすでに破綻している。

さらに、「本構想のネックは敵の大規模先制攻撃に在日米軍及び自衛隊施設が耐えうるかという点にある」と海自内の研究論文(2)は指摘する。「敵」(ここでは中国)が襲い掛かる自衛隊配備の島々のことを想像すれば、配備の危険性が明らかになる。

米国では近年、「エアシー・バトル」戦略では、戦争拡大を招く恐れがあるとして、それに代わる「オフショア・コントロール」戦略が提唱されている。紛争を仕掛けた中国を経済的に締め上げるために広範囲の海上封鎖を行う「海洋限定戦争」。米国と同盟国・日本の航空力と海軍力を用いて、中国の石油・天然ガスなどの海上輸送を遮断して中国商船の出入りを阻止、封鎖。困った中国が紛争前の「旧に復する」ようにするのが目的の「勝たなくてもいい戦争」概念である。

いずれの戦略でもまず前方に出るのは自衛隊だ。米戦略に詳しい伊波洋一参院議員は、自衛隊の島嶼配備は東シナ海などを航行する中国海軍を攻撃する仕組み作りで、「南西諸島を中国への盾として戦場にし、米中戦争や核戦争にエスカレートさせないようにするもの」と語る(3)。米国は日本を守るどころか、列島全体を米国の防波堤にする衝撃的な戦略である。

米軍と自衛隊で実施されてきた日米共同方面隊指揮所演習「ヤマサクラ」(図上演習、1982年から)でも11年から、南西諸島防衛を演習に盛り込んだ。16年11月には、米軍キャンプ・コートニーで指揮所演習が行われ、双方が床上の大きな地図を囲んで先島での戦争を想定していた。

●尖閣問題—「棚上げ」でこそ

自衛隊が島嶼配備を急ぐ直接的な背景には尖閣諸島をめぐる中国との領有権争いの長期化がある。2012年9月の国有化から6年。年間0～2隻程度だった中国公船による領海侵入は、国有化以降は年73～180隻に急増している。

石垣海上保安部は尖閣諸島警備の専従体制整備に伴い、約700人をも擁する全国最大規模になった。専従の大型巡視船12隻のうち10隻が配備され、残り2隻は沖縄本島に。自衛隊と海保の増強で石垣島も要塞と化す。

尖閣諸島を実効支配する日本側と、「釣魚島（尖閣諸島の中国名）は固有の領土」とする中国側とは主張が真っ向から対立する。台湾も領有権を主張しているが、ここでは主に日中間の対立点・問題点を概観する。

明治政府は1895年1月、「無主地」であることを確認したとして、領土編入を閣議決定した。翌年には、沖縄県八重山郡に編入されたが、そのことは国民にも国際的にも告示・公示されなかった。

領土編入の10年前には、明治政府が尖閣諸島の調査を沖縄県に指示。清国の支配が及んでいるとして国標（日本国領を示す標柱）設置に懸念が示され、政府内でも大国だった清国との外交的軋轢《あつれき》に発展しかねないと問題視された経緯がある。

中国が尖閣諸島を自国領だと公に主張し始めたのは1971年ごろからだ。中国が根拠とするのは、琉球国朝貢に対する中国の冊封使の記録や15世紀に遡る歴史的文書から。航路に釣魚島名が記載されたり、琉球領と中国領の境界が浮き彫りにされたりしているという。明時代、中国沿岸地域を荒らし回った対倭寇の「福建省海防区域」に釣魚島などが組み入れられた地図も存在するとする。

中国側の主張の弱点は、自国領と考えていたのなら、なぜもっと早い時期にそれを主張しなかったのか。その間、中国の人民日報が尖閣を「琉球諸島」に含めて言及している記事（1953年1月8日付）も確認されている。冊封使の記録に対する疑問点、中華帝国時代の国境意識のあいまいさを指摘する声もある。

日米の沖縄返還交渉の過程で、返還地域に尖閣諸島が含まれると明示すべきか否かが大きな問題となった際、強硬な反対に米国が手を焼いたのは台湾の国民党政権の方だった。そして、尖閣諸島が日本の施政下にあることは認めるが、「主権については特定の立場は取らない」という現在の米国の方針は、返還前年の71年には実質的に固まっていたとされる。

日本側の弱点はさらに、ポツダム宣言では、日本が問題なく主権を及ぼすのは本州、北海道、九州、四国で、その他は連合国が決めるとなっており、尖閣諸島などの記述は見られないことにある。日本が領土編入した経緯をめぐっては、当時は日清戦争中（講和は1895年同4月）で、清国に対し日本の勝利が確実になった時点に当たり、軍事力を背景に「盗んだ」と中国側は非難する。

尖閣諸島に注目が集まった発端は海洋資源。国連アジア極東経済委員会が1969年、「台湾と日本との間にある大陸棚は、世界で最も豊富な油田の一つとなる可能性が大きい」との報告書をまとめたからであった。中国の領有権主張は、この資源確保や大国化に伴うナショナリズムの高まり、アジア太平洋における勢力圏拡大の軍事戦略的理由が背景にある。

尖閣諸島を日本が国有化したことが中国を硬化させ、日中間の大きな火種となって今日に至る。重要視すべきは、それまでの問題「棚上げ」論だろう。

尖閣諸島をめぐる日中間の協議は72年9月、田中角栄首相が中国の周恩来首相を訪問し、国交回復を図った時から始まる。会談記録によると、周恩来は「日中は大同を求め小異を克服すべき」と発言、田中首相も同意する。田中首相が尖閣諸島について尋ねると周恩来は「今、これを話すのはよくない」などと棚上げで応じた。

鄧小平副首相は日中平和友好条約調印直後の78年10月、日本記者クラブでの会見で、「国交正常化の際、双方はこれに触れないと約束した。今回の交渉でも同じ」と棚上げを明言。次の世代に解決策の知恵を託す発言をした。

当時の日本外務省内でも棚上げは共通理解だった。ところが、日本側は90年代後半から棚上げ合意を無視するようになり、現在は棚上げの合意はないとの基本見解を示す。

安倍首相に至っては尖閣について日中間の領土問題は存在しないと前置きし、「我々は1ミリたりとも中国に譲るつもりはない」（2012年10月、バーンズ米国務副長官に）と大見えを切る。だが、国際的には尖閣諸島は係争地とみなされ、「日本固有の領土」が通用するわけではない。

米国は日米安保条約は尖閣に適用されるとしつつも、主権については中立的な立場を保持し続けている。尖閣の防衛も自衛隊が主体となる。15年4月に合意された新たな日米防衛協力のための指針

（新ガイドライン）では、島嶼が武力攻撃を受けた場合、必要に応じて自衛隊が奪回作戦を実施。「米軍は、自衛隊の作戦を支援し及び補完するための作戦を実施する」と明示してある。

●共同体構想―東アジア「共通の家」

日本が位置する東アジア（狭義には北東アジア）は日中と日韓の軋轢《あつれき》、北朝鮮の核・ミサイル問題を抱え、「平和」とは言えない情勢にあった。

日中の大きなトゲが尖閣問題。であるなら、そのトゲに向き合い、問題を解きほぐしていくことこそが求められる。「領土問題は存在しない」と言い放つだけでは何も始まらない。

1970年代からの「棚上げ」合意は、本来は日本にとって有利だった。日本はその時点で尖閣諸島の実効支配を行っており、中国は日本の管轄を認めたのである。当時の中国は経済発展のため日本の経済協力を必要としていた。また、棚上げは軍事力行使を防ぎ、実行支配が長く続くほど、法的には有利になる。

元外務省国際情報局長の評論家・孫崎享は「尖閣諸島を『日本固有の領土であり、国際法上何の問題もない』とみなすのは無理がある」(4)と明言。解決のための道筋について、まず問題を棚上げにして自己の利益だけでなく相手の利益に配慮して客観的な相互理解を深めることを基本にするよう提言する。

具体的な方策は、南沙諸島をめぐる中国とASEAN（東南アジア諸国連合）とが2002年に締結した「南シナ海の行動宣言」を参考に、武力行使に訴えず外交的に領土問題を解決するよう取り決める▽国際司法裁判所に提訴して日本が平和的解決を望んでいることを示す▽2度の大戦を戦った独仏の戦後「和解」の取り組みに学んで多角的な相互依存関係を構築する――など。日中双方が信頼醸成の構築へ向き合えば、このほかにも様々なチャネルがあるはずである。

有力なチャネルの一つは、孫崎が所長を務めるシンクタンク・東アジア共同体研究所がめざす「東アジア共同体」構想。研究所は鳩山由紀夫元首相が13年に創設し、那覇市に沖縄事務所（琉球・沖縄センター）もある。東アジアの様々な文化が融合してきた琉球王国の歴史を有する沖縄から地域共同体を構想することに大きな意義を見いだし、政策研究提言や県民運動支援活動を展開するとしている。

「東アジア共同体」は鳩山首相が当時、友愛精神に基づいた東アジアの平和構築の構想として提唱した。日本、中国、韓国を中心とした集団安全保障体制を構築し通貨の統一も目指すべきだとしていたが、批判も多かった。

研究所創設の趣旨には「ASEAN10カ国が経済統合されるのに加え、日中韓には、ASEANとの自由貿易の仕組みがある。日中韓で共同体ができれば〈ASEAN＋3〉へ、印度・豪州・ニュージーランドを加えた〈ASEAN＋6〉へ、さらにはモンゴル、ロシア、米国他の国々への広がりも考えられる」（ホームページ）と共同体の行方を指し示す。

東アジア共同体の構築を目指す首脳間の枠組みは、「東アジアサミット」（EAS）として、すでに05年からある。多くの分野での協力を図る、ASEAN10カ国と日中韓3カ国首脳会合（ASEAN

＋3、1997年開始）で提案された。日本が果たしうる協力は環境問題やエネルギー分野、農業分野、通貨金融分野。

日本は日米同盟の堅持を前提に自由、民主主義、法の支配の価値を実行する「共同体」として豪州など3カ国を入れた枠組みにしたい考え。主導権を握りたい中国との駆け引きがあるが、東アジア共同体構想は地域の平和構築へ大きな可能性を秘めている。

鳩山元首相の研究所がHPで言及したように、ASEANは一足早く15年12月、「アセアン経済共同体」を発足。「ヒト、モノ、カネ」の動きの自由化を進めている。

●信頼醸成—非核地帯の構築を

日中、米中は経済関係では緊密に結ばれている。日本にとって中国は最大の輸入相手国で、全体の四分の一（24・8％）を占め、2位の米国（10・3％）の2・5倍。輸出先でも米国に次いで2位（17・5％）＝2015年の財務省統計。また、中国にとっても日本は輸入相手国では韓国（9・7％）に次いで2位（8・3％）＝14年の中国側統計。万一、軍事衝突すると双方に重大な影響を及ぼす。

中国は1990年代から対前年比10％超の軍事費を拡大、急速に装備の近代化を図ってきた。だが、中国も米国も本来、戦争を望んでいないことは明らかだ。日本もこのことを改めて認識して尖閣問題に臨むことが肝要だ。

ところが安倍政権は中国に対しては軍事対抗的に、北朝鮮に対しては米国に隷従し「圧力」一辺倒だった。朝鮮半島では2018年春、北朝鮮の核ミサイル開発進展で米朝の軍事的緊張が極度に高まったのが一転した。2回の南北首脳会談を経て、6月12日にシンガポールで歴史的な米朝首脳会談に至った。北朝鮮の核放棄が最大の焦点である。

外交の基本である信頼醸成を日本が位置する東アジアで全く取り組まず、「圧力」だけを高唱してきた安倍首相。米中韓の間で取り残された形となった。トランプ大統領とゴルフしたり、親密さを嬉しがってみたりしたところで、それで国際社会、政治が動くわけではないことは自明だ。北朝鮮の脅威をことさらに煽って、平和国家の軍事化と憲法改悪を進めようとしてきた安倍首相は朝鮮半島の雪解けを内心では喜んではいない。

軍事力と圧力だけで問題が解決しないことは現実と歴史が証明している。米朝による朝鮮半島非核化の動きのなか、これまでも提起されてきた北東アジアの非核地帯構想を真剣に検討すべきときがきた。

世界的にはすでに五つの非核地帯条約が発効している。中南米(1968年、33カ国)、南太平洋(1986年、13カ国・地域)、東南アジア(1997年、ASEAN10カ国)、アフリカ(2009年、28カ国)、中央アジア(2009年、5カ国)。モンゴルは単一国家で非核地帯化している。これを見ると、地球上を少なからぬ非核地帯が覆っていることが分かる。

北東アジア非核兵器地帯設立については、長崎大学核兵器廃絶研究センターが15年3月に提言した包括的アプローチが詳細で内実を伴っている。構成国は日本、韓国、北朝鮮の「地帯内国家」と米国、中国、ロシアの「周辺核兵器国」。北朝鮮の核問題などに関わってきた6カ国協議の枠組みで進める。

提言では、6カ国協議をまず再開。非核化だけでなく、朝鮮戦争の戦争状態終結宣言や締約国の相互不可侵、友好、主権平等を規定した「包括的枠組み協定」を締結、懸案の同時解決をめざす。その上で、非核地帯設置に必要な実務的条約を結ぶ。協定の確実な履行を保証するための「安全保障協議会」、核を含むエネルギーの平和的利用と権利に関する「エネルギー協力委員会」のそれぞれ設置を進める。

締約国には少なくとも6カ国協議参加の6カ国を含む▽日本、韓国、北朝鮮が地理的な非核地帯を形成▽米ロ中は通常兵器・核兵器攻撃からの安全保障を非核地帯に与える▽化学兵器禁止条約への加盟義務付け―などが条約内容となる。北朝鮮には余裕をもった期間での核・核施設解体を求める。モンゴルが加盟すればより望ましいとしている。

私たちがここで想起したいのは、アジア各地で活発な交易を行った「非武」を標榜した琉球王国の歴史だ。明・清の冊封体制の下で当時のアジア有数の貿易量を誇った。交易国家・琉球にとって、アジアは「交流の海」だった。

沖縄を訪れたことのあるノルウェーの国際的平和学者、ヨハン・ガルトゥングも、危機打開のための東アジ共同体創設を提案する。メンバーは日中韓、台湾、北朝鮮にロシア極東部。本部は交易国家だった琉球／沖縄と想定する。その基底となるのは憲法9条。「米国に追従するのではなく、歴史にもとづく独自性を、外交において発揮してもらいたいです」[6]と述べている。
沖縄・鹿児島の南西諸島が島嶼戦争の「標的の島」となり、火の手が日本列島全体に及ぶ事態は何としても避けねばならない。

【注】
（1）『オキナワ島嶼戦争―自衛隊の海峡封鎖作戦』（社会批評社、２０１６年）
（2）海自幹部学校『海幹校戦略研究』11年12月号
（3）『週刊金曜日』18年4月13日号
（4）孫崎享編著『検証―尖閣問題』（岩波書店、12年）
（5）中村民雄ら4氏著『東アジア共同体憲章案』（昭和堂、08年）
（6）『朝日新聞』15年8月26日付

【主な参考文献】
『標的の島―自衛隊配備を拒む先島・奄美の島人』（同編集委員会・編著、社会批評社、17年）

14、「弱者」を押しつぶした沖縄戦

～学徒兵、障がい者、「慰安婦」……

沖縄戦研究の最新の集大成として、2017年3月に発刊された『沖縄県史　各論編6　沖縄戦』(沖縄県教委発行、B5判、824ページ)が反響を呼んだ。県史として沖縄戦を扱う巻は43年ぶりの刊行。旧県史では、1971年に『沖縄戦記録1』『沖縄戦通史』、74年に『沖縄戦記録2』が刊行され、住民証言を収録。それまでの軍事作戦中心から住民視点の沖縄戦研究への契機となったものの、多角的な論述にまでは至っていなかった。

この『県史　沖縄戦』では、日本が挙国一致体制から軍国主義に突き進む「沖縄戦への道」から説き起こし体系的に論述している。沖縄戦の経緯、住民の過酷な体験・証言のほか、沖縄戦の「記憶・継承」の5部構成。近年の研究で明らかになってきた、戦争孤児や障がい者、ハンセン病者などの分野にも光を当てたのが特徴とされる。弱い立場にあった人々のこともしっかりと描くことで沖縄戦の実相に迫る趣旨だ。

●根こそぎ動員―働けるもの全て戦場へ

本稿のテーマは、『県史　沖縄戦』記述を軸にした「弱者たちの沖縄戦」。２０１７年6月には、戦場に狩り出された学徒兵の苦難を詳述した故大田昌秀元知事編著の『沖縄　鉄血勤皇隊』（高文研）が痛恨の〝遺書〟として発刊されており、まず男子学徒隊と根こそぎ動員を取り上げる。

敗色濃くなった１９４４年に入り、日本軍大本営は沖縄諸島の役割を、当初の不沈空母（航空基地）から地上戦を想定した持久戦「本土の防波堤」に変更。44年３月に創設された大本営直属の第32軍は従来の飛行場建設と並行して、陣地や砲座構築、道路などの緊急工事を迫られた。

飛行場建設には県内各地から徴用、勤労奉仕作業では小学生までが動員された。44年11月に「労働調整令」が改正され、一般青壮年に対する徴用対象は男子60歳未満、女子40歳未満に引き上げられた。働ける人全員の「根こそぎ動員」で、未明から日没までの突貫作業。合間を縫って竹槍訓練や防空演習も課せられた。

日本陸海軍が沖縄県内に建設した飛行場は最終的に16カ所に及んだが、これらが日本軍の航空作戦に活用されることはなかった。県民の労苦が無駄になったばかりか、逆に米軍の本土進攻基地となった。

大本営は44年11月、精鋭の第9師団を台湾に引き抜くことを決定し、兵力の3分の1が減ったが補充はなし。沖縄諸島も軍も孤立状態となった。住民には「軍官民共生共死」を指示したことで、沖縄戦で県民の４人に一人が犠牲になるまれにみる惨禍を生んだ。

沖縄戦における根こそぎ動員は国家総動員法による徴用や土地接収にとどまらず、一般県民までが「防衛召集」(42年施行「陸軍防衛召集規則」)として戦場に送り込まれたのが大きな特徴だ。防衛隊がそれである。17〜45歳の男性対象だったが、実際には13〜60歳くらいまでが召集された。

45年1〜3月、大規模な防衛召集が行われ、3月上旬の記録だけでも約1万4千人が〝兵士〟として召集された。米軍上陸後の5月ごろまで第4次にわたる召集の合計では2万人を遥かに超し、その多くが犠牲となった。激しい戦闘下でも、日本軍が各役場に指示して召集できる者の名簿を作り、避難壕を回っての手あたり次第の動員があちこちで行われた。根こそぎ動員は本土決戦、全国民動員の実験版の形となった。

同時に、第32軍と県当局は学徒を軍の補助要員として動員する計画を立てた。当時の沖縄の学徒は計21あった師範学校(15〜19歳)、旧制の中学校・実業学校(13〜17歳)、高等女学校(13〜16歳)の各生徒。今の学年だと中学1年生から大学2年生にあたる。

うち男子学徒隊は、師範学校男子部と中学上級生で編成された鉄血勤皇隊、中学下級生から成る通信隊などの総称だ。軍事訓練、通信員訓練、女子生徒に対する看護訓練は45年1月ごろから実施された。

学徒たちは天皇崇拝教育や国民精神総動員運動(37年開始)を通して、国家への奉仕精神を刷り込まれていた。男子学徒はそれまでも、飛行場や陣地構築、軍用物資運搬に従事していたが戦況急迫で実戦部隊として編成されたのである。この時点で、沖縄が地上戦になったらどういう事態になるのか、父母も教員もほとんど想像できなかった。

そして、45年3月。沖縄の海を埋めた米軍部隊による慶良間《けらま》諸島を最初に上陸作戦が始まった。沖縄攻略作戦を直接担当したのは中部太平洋部隊の第51機動部隊で、上陸部隊は第10軍。護衛空母18隻、戦艦10隻、駆逐艦82隻を含む計1205隻の艦船からなる。第10軍は18万2800人、支援の海軍部隊を含めると54万8千人にものぼる大部隊だった。

対する第32軍は、陸軍正規兵と民間の防衛召集者、海軍守備隊を含めた総兵力11～12万人。火炎放射戦車やナパーム弾などの新式兵器を大量投入、総合的な技術力に勝る米軍に比べ、質量ともにはるかに劣る装備だった。

●学徒隊の戦い―「軍人精神」による悲劇

学徒の鉄血勤皇隊は陸軍2等兵として各部隊に配属された。動員数は男子学徒隊が12校1418人（引率教師75人）、女子学徒隊が9校505人（同18人）。沖縄島中南部には日本軍主力が置かれていたこともあって多くの学徒隊が配置され、男子は師範鉄血勤皇隊や一中鉄血勤皇隊、一中通信隊、農林鉄血勤皇隊、商工鉄血勤皇隊など13隊、女子がひめゆり学徒隊や積徳学徒隊など5隊だった。

各鉄血勤皇隊は立哨、伝令、負傷者搬送、炊事などの雑役、陣地構築などの任務に就いた。第32軍司令部情報部の下には、敵地に侵入して背後から撹乱する「斬込隊」（師範男子部の57人）も編成された。各学徒隊からは米軍の進撃につれ死傷者が続出した。

6月、現在の糸満市摩文仁にまで追い詰められ第32軍が壊滅。学徒隊にも解散命令が下されたが、結果的に学徒らを米軍の包囲網に放り出す形となり、その後の死傷者を飛躍的に増加させた。

男子学徒には「生きて虜囚の辱めを受けず」の軍人精神が叩き込まれ、捕虜になることは許されなかった。猛爆撃と掃討作戦で「ある者は砲弾に倒れ、ある者はガス弾攻撃を受け、ある者は火炎放射に焼かれ、ある者は海に流され、ある者は手榴弾により自ら命を絶った」(『県史 沖縄戦』第3部 沖縄戦（人びと）の体験)。県史の筆致には無念の思いがこもる。米軍陣地斬り込みに参加させられたり、爆雷を背負って米軍戦車を攻撃したりして、十代で青春を奪われた学徒もいた。男子学徒隊の戦死792人、女子学徒隊の戦死188人だった。

解散命令後の極限状況の中、生き残るために自分たちだけで退却した将兵、学徒たちを敵中に突っ込ませてその隙に逃げて行った将兵、泣き声を立てた幼児を敵に見つかるという理由で殺害した将兵……。生死の境の学徒たちに、その日本軍の姿がさらけ出されたと『県史 沖縄戦』は事実を綴る。組織的戦闘が終了した6月末。南部の海岸には米軍の呼びかけに応じて投降する住民の列が続いていたが、多くの学徒たちはガマ（壕）や岩陰に身を隠して逃げ惑っていた。

その中の一人が師範鉄血勤皇隊の大田昌秀である。住民への情報工作を担う「千早隊」に属していた。至近弾を浴びて右足に重傷を負い、飢餓とたたかいながら、遺体だらけの摩文仁海岸の岩陰に2カ月余りも身を潜めていた。元将校の投降説得に応じて米軍に収容されたのは10月下旬だった。

「文字どおり九死に一生を得た私は、生き延びた意味について考えざるを得なかった。その結果、思い至ったのは、私の生は、文字どおりあえなく死去した多くの学友たちの血で以って贖《あがな》われたものに他ならないということであった。（中略）非業な戦死状況について後世に記録を残さねばと想うようになった」（『沖縄　鉄血勤皇隊』あとがき）。

本書では学徒隊ごとの活動・戦闘状況と学徒の証言記録を載せている。

師範鉄血勤皇隊・山城昌研　タコ壺に潜んで敵戦車が近づくのを待ち、爆雷と我が身もろとに戦車に対当たりする「肉迫攻撃」について証言。決行日は6月9日、具志頭村（現・八重瀬町）での戦闘。前日、各人に「恩賜」のお菓子と煙草が渡され遺書を書かされ、静かに攻撃と死の準備を整えた。「全員出動し最後の使命を達成」という伝令が所属の中隊本部に送られたが、当の中隊本部は壊滅、火炎放射器で全員戦死していた。結局、出動は見直され6月下旬、全員解散となったが、自殺、敵中侵入、海上漂流と修羅場は続いた。山城は海中から波打ち際に這い上がり、生を得た。

水産鉄血勤皇隊・瀬底正賢　6月下旬、摩文仁の司令部壕内で生き残っていた。2日連続で夜間斬り込みに出撃、相次ぐ戦死。21日、米戦車の重砲火で坑道入り口付近が落盤し学徒らが即死、自らも岩石に埋まった。ようやく脱し、壕奥にいた司令官・牛島満中将に事態を報告。「学生さん、ご苦労」と言われた。下士官の命で入口「死守」にフラフラとなって向かう。真っ暗で死体を踏み、思うように息もできない。たどりついた入口で学友2人と出会う。失明した開南中生もいたが、「生きのびて」と言残した。3人で脱出すると、自決する手榴弾の音が響いた。牛島中将ら司令部将校も自決……。

商工鉄血勤皇隊・国吉真一　6月19日、具志頭村の壕で馬乗り攻撃に見舞われた。爆薬を投げ込み、火炎放射器を噴きつけるすさまじい攻撃。次々と襲って来る爆風。すでに息のない兵隊5、6人の下敷きになり、その血が口にも入ってきた。そのうち、目玉が飛び出した将校が寄ってきて覆いかぶさる兵隊をよけてくれ、息絶えた。壕を出て逃げ惑い、小便を飲んで渇きに耐えた。何日経ったか、摩文仁まできていた。どさくさの中で気を失い、体中にはい回るウジで正気に。右手に激痛がし、見ると踏みつけたのは米兵。「自分を助けてくれた将校のことは片時も忘れたことはない」

大田は巻末に各学校の慰霊塔に刻まれた戦没学徒一人ひとりの名前を掲載し、鎮魂の想いを込めている。

●孤児たちと戦争──数千人の苦難もたらす

父母がともに戦没、子どもたちから家庭の「ぬくもり」を奪った沖縄戦。あまり光があてられなかった戦争孤児たちはどのように戦後を迎えたのだろうか。

県内の孤児院は計13カ所の開設が確認されている。45年6月には、民間人収容所のうち11カ所に孤児院と養老院（収容の児童約千人、老人約400人）が併設された。瀬嵩《せだけ》孤児院（46年1月、38人）、コザ孤児院（45年7月、618人）、首里孤児院（46年、65人）など。民家利用もあるが、多くはテントや民間に払い下げられた米軍の組み立て式兵舎「コンセット」による最低限の居住条件を確保した施設に過ぎなかった。

当時は米軍の準機関紙的な立場にあった『ウルマ新報』（後に『うるま新報』と改題）には、各地の家族や親類に向けた各孤児院からの情報「身寄を求む」が掲載され、45年10月から46年4月までの間、計997人にのぼったという。

孤児院では栄養失調や施策・管理の怠慢から、子どもたちの衰弱死が相次いだ。「どの子も栄養失調。汚物にまみれ、朝鮮の人たちが段ボールに入れて埋葬していた」「下痢で床張りの部屋は豚小屋のようになっていた」という関係者の証言がある。

米占領軍にとって孤児たちは管理監督する対象ではあっても児童福祉の観点はみいだせず、浅井春夫は「孤児院の水準は、米軍の沖縄支配の本質が示されていると考える」（『沖縄戦と孤児院』吉川弘文館、2016年）と述べる。その後の沖縄の児童福祉水準の本土との格差を象徴するとする。

46年7月からは、民政府の手で、孤児院・養老院の施設統合が進められ、孤児院4カ所、養老院3カ所となった。最終的には、49年11月に首里に開設された沖縄厚生園1カ所に集約された。収容児童数は男女計約２００人だった。

戦争孤児の全体数は数千人にものぼるとみられる。それぞれの子どもがどのように戦後を生き抜いたのか、そのつらさと苦難ははかり知れない。

沖縄戦研究者で今回の新県史編集委員、大城将保の著書に孤児院を舞台にした『石になった少女～沖縄・戦場《いくさば》の子どもたちの物語』（高文研、15年）というヒューマンな児童向け物語がある。

本書は沖縄の戦争孤児院を舞台に、作者の分身ともいえる少年・マサ吉と、同様に父母をなくした宮里ユリが体験した沖縄戦が描かれる。九州疎開で戦争を体験していない大城が、孤児院から初等学校に通学していた同級の友人らから聞いた体験談を基にしたフィクション。戦争体験を伝えられる最後の世代として、圧倒的に記録が少ない「子どもたちの沖縄戦」を児童文学化したという。

知念半島の村の収容所・孤児院で出会い、語り合う仲になったマサ吉とユリ。二人が体験した過酷な地上戦では、家族が負傷しながらの避難行、日本兵によるガマ追い出し、戦火による父母の喪失、意識を失っている間の米軍による収容体験など、児童読者にも沖縄戦の全体像が浮かび上がる構成だ。

ガマに母と弟を残し亡くしたユリは、そのトラウマを抱えていた。米軍に収容された避難民と捕虜が運ばれて来るのは、村はずれの「人待ち峠」。ユリはそこの石に腰掛けては帰らぬ母を待ち続ける。

敗戦後70年。老いたマサ吉はヤマトから沖縄に戻り、ユリの行方を探す。するとユリは、人待ち峠で母と弟を待ち焦がれ「石に化身した」という伝説だけを残していた……。ユリは黙した石に何を語らせようとしたのだろうか。

●障がい、病を背負い――生き残りへ懸命に

第32軍による徴用では、女性、子ども、お年寄りのほか障がい者も例外ではなかった。例えば、目や耳の不自由な県立盲聾唖《もうろうあ》学校（那覇市）の生徒たちは、ツルハシや鍬を手に防空壕掘りに従事した。44年の「十・十空襲」では焼失を免れたものの、校舎は海軍や大政翼賛会が使用、授業にも支障が生じた。

戦火の中、障がい者たちはどうしていたのか。

耳が不自由な南風原《はえばる》村の22歳の男性は、歩いているところを日本兵にスパイとして2度も捕らえられ、障がいのことを説明して解放された。やはり聴覚障がいのある真和志村（現・那覇市）の19歳の女性は、北部に避難中、低空飛行の米軍機による機銃掃射に気づかなかったが何とか逃れた。だが、母親から「あんたのために爆弾が落とされたらどうするか、部落の人たちも怒っているよ」と言われた。

視覚障がい者では、12歳だった東風平《こちんだ》村（現・八重瀬町）の男性は、砲弾の飛び交う中、母親の着物の帯を左手でつかみ、一緒に走った。母親は目の代わり、一人になると、砲弾が飛び交ってこわくても身動きが出来なかった。

身体に障がいがある場合、避難そのものがより難しくなる。31歳の南風原村の女性は姉に背負われて南部の壕を転々とした。「死んだ方がいい、連れて行かないでいい」と言っても姉は女性を背負って逃げ続けたが、姉も被弾し歩けなくなった。また、22歳の喜屋武《きゃん》村（現・糸満市）の女性は半身不随の従兄を、兄とモッコで担いで壕に避難した。ところが、入ってきた日本兵から立ち退きを命じられ、女性は従兄を背負って壕を出た。海岸に向かう途中で、従兄が「ここでいいよ。お前たちも覚悟

して逃げなさい」と言うので、木の下に降ろし、壕に戻った。従兄はその場所で亡くなっていた。

戦場で身体に障がいを負ったり、爆風で聴覚を失ったりして障がい者になった人も多い。1982年の県の「障害福祉白書」によると、戦場での被害だけでなく、戦後の栄養失調による失明や疫病によるもの、不発弾事故を起因とする障がい者が生まれた。その数は「今日でいう『身体障害者』だけでも約1万人と推計」されるとする。沖縄戦の深甚な戦禍が、ここでも示される。


根強い社会的差別にさらされていたハンセン病者。戦前は癩病《らいびょう》と呼ばれ、1931年の癩予防法で全ての患者の隔離政策がとられていた。一方、沖縄戦当時の沖縄はハンセン病者が多く、施設に収容しきれなかった。第32軍は武力をちらつかせながら44年、沖縄島及び宮古島の全域で患者の強制収容を行った。

第32軍が創設され約10万の将兵が沖縄入りすると、急増兵舎ではとても足りず。地域の公民館や民家まで接収。将兵と住民が混在するようになり、軍はハンセン病者を警戒し始める。40年当時、県内の患者は1478人で、うち816人が在宅だった。

軍が差別・警戒する様子は当時の陣中日誌や戦後の回想記にも記されている。患者の家に赤い布を吊るして将兵の立ち入りを禁じたり、部隊によっては患者が多い地域での演習を変更したりしていた。それまで辛うじて地域で暮らしていた患者も、日本軍によってその存在をあぶりだされていった。

軍による患者収容は44年5月の読谷山村《よみたんやま》が最初とされ、7月には伊江島でも行われた。いずれも、先行して飛行場建設が始まっていた所だ。9月には大規模な収容が行われ、陣中日誌からは、輜重隊《しちょうたい》がトラックと将兵を動員したことや各村役場とも協力したことが分かる。こうして、患者療養施設・国頭《くにがみ》愛楽園（名護市、現・国立療養所沖縄愛楽園）には定員450人に対し倍の913人が収容された。宮古島でも日本軍による患者収容の結果、宮古南静園（宮古島市）には44年のこの年、それまでは年間20人前後だった新規入所者が87人と急増、入所者は302人に膨れ上がった。

患者らも防空壕掘りや食糧増産に動員させられた。末梢神経が麻痺した患者にとっては過酷な作業で、その際の受傷で化膿・切断を余儀なくされることも少なくなかった。

二つの園とも空襲に見舞われた。愛楽園では治療室や寮舎など26棟が全壊、焼失する壊滅的な被害を受け、南静園では入所者の作業船が機銃掃射を受ける被害が出た。空襲後、家族を案じる入所者たちは園の監視の目を盗んで、故郷へ向かったものの、軍や警察は入所者を発見するや園に連れ戻した。帰園者には監禁の罰が待っていた。

長く続いた不衛生な壕生活と過剰な入所者による食糧不足から、病状悪化や感染症による衰弱死、餓死に至る者が続出した。南静園では早々に職員が職場放棄し、残された入所者は日々の食糧にも事欠き、45年だけで110人の死亡者を出した。愛楽園では44年9月〜45年末、289人が死亡したと記録されている。空襲（愛楽園は計8回）による被弾死は愛楽園の一人にとどまったとされるが、ハンセン病の戦争被害者は、かくも多数にのぼったのである。

●「慰安婦」―連行された人々

国際的には「戦時性奴隷」とされる「慰安婦」。沖縄では日本軍が配備された全ての地域・島々で、延べ143カ所もの「慰安所」が設置された。沖縄島で105カ所、伊江島2カ所、津堅島1カ所、慶良間諸島3カ所、宮古諸島17カ所、八重山諸島11カ所、大東諸島4カ所。今後の調査でさらに増える可能性がある。朝鮮と沖縄、そして少数だが台湾や九州などからの女性が「慰安婦」にされた。

慰安所の設置は1944年6月、第32軍創設（同年3月）で飛行場建設部隊が送り込まれた伊江島が最初とされる。建設にあたった要塞建築勤務第6中隊の「陣中日誌」で確認できるだけでも、伊江島と北飛行場（読谷山）、中飛行場（嘉手納）の7カ所で、民家を改装するなどして開設された。母屋を取られた住人の中では台所の土間や馬小屋での寝起きを迫られた家族もあった。

7月から8月にかけて続々と沖縄に送り込まれた部隊がそれぞれの駐屯地に慰安所を設置し、競うように沖縄中に広がった。

日本軍の陣地構築のための製材所があった東村川田の山中にも慰安所が設けられ、45年1月、朝鮮の女性11人が男2人に連れてこられた。そこには国頭伐採隊や朝鮮人による特設水上勤務隊など500人余りが配備されていたのである。44年の十・十空襲で焼け野原になった那覇の辻遊郭跡には「軍慰安所」の看板が立ち並んだ。かやぶき屋根の掘立小屋からは、うまく言えない日本語で「チョセン、チョセンと馬鹿にするな！」と女性と兵隊が言い争う声も聞こえてきたといい、大勢の朝鮮人「慰安婦」がいた。

前借金に縛られ空襲で住む場所も失った辻遊郭の娼妓（ジュリ）たち500人規模を、各駐屯部隊の慰安所に「狩り出した」という那覇警察署幹部の回顧談もある。警察は娼妓の登録管理を行っていた。どの慰安所も軍の監督下に置かれ、入り口には「球一六一六部隊照屋慰安所」などと、部隊名が書かれた看板が掲げられた。兵隊が列をつくり、「まだか！　まだか！」と戸をたたく者もいた。軍は業者の運営規則や将兵の使用規則をそれぞれの部隊で設けた。「軍人倶楽部《くらぶ》ニ関スル規定」「後方施設ニ関スル内規」などがそれである。

日本の右派勢力からは軍や公権力の関与を否定する言説が聞かれるが、こうした規定だけでも軍の関与は打ち消しようがない歴史的事実だ。37年に改定された陸軍「野戦酒保規定」(1)の第1条には「慰安施設ヲナスコトヲ得」とあり、慰安所が軍の兵站《へいたん》施設だったことは明らか。最近でも、38年当時に外務省と在中国総領事館とが「慰安婦」に関してやりとりした公文書12点が発見され、現地日本軍が要求する「慰安婦」人数や軍用車に便乗しての移動などが具体的に分かる(2)。

日本軍による慰安所設置の理由は、一般女性への強姦防止や戦力低下を招く性病予防、将兵のストレス解消が挙げられたが、実際は沖縄女性に対する強姦や性犯罪は頻繁に起こっていた。第32軍司令部が県当局に慰安所設置の協力を求めた際、泉守紀知事は「ここは満州や南方ではない。少なくとも皇土の一部である。皇土の中に、そのような施設をつくることはできない」と拒んだという。

朝鮮の女性たちはどうやって「慰安婦」にされたのか。村の書記に「絹の工場で働け」と警察署に連れていかれ、半年間、日本国内の工場で働かされた後、宮古島の慰安所に送られた▽東村の慰安所の女性は、朝鮮の地元の愛国班長から「内地にある民営企業で、女工を募集している」と聞かされ応募した――などの証言が得られている。公権力や警察の関与による甘言でだまされたことが分かる。

慰安所に送られた朝鮮の「慰安婦」は、日本軍に委託された業者の監視下で行動は制限され、毎日、多くの兵隊の相手をさせられた。業者からは慰安婦には、「稼ぎ」の現金が支払われるわけではなく、沖縄までの交通費や生活費、衣装代などを経費として高利で差し引かれた。部隊が提供する食事の量も少なく、「慰安婦」たちが近所の住民に食物をねだって回る目撃談も報告されている。日本軍は将校専用の慰安所には九州や沖縄出身者を配置し、朝鮮人慰安婦と待遇に差をつけた。将校の「現地妻」にされた女性もいた。

米軍上陸後、日本人や朝鮮人の「慰安婦」たちは、各部隊と共に前線を移動。炊事や壕を掘る手伝い、野戦病院の水汲みなどをさせられ、多数が犠牲になった。部隊に置き去りにされた女性たちは、土地勘もない知り合いもない戦場を逃げ惑ったのである。

当時の慰安所の詳しい様子は、44年秋渡嘉敷《とかしき》島まで連行された朝鮮女性「ポンギさん」（当時29歳）の人生を精緻な取材で綴った川田文子著『赤瓦の家』（筑摩書房、１９８７年）で分かる。韓国出身のポンギさんも43年晩秋、「仕事せんでも金儲かるところがある」と日本と朝鮮の二人連れの男にだまされた。「赤瓦の家」は慰安所のことである。ほか6人とともに、兵隊の性の相手をさせられる日常、猛烈な艦砲射撃・米軍上陸、部隊ともどもの避難移動、住民の集団自決……。

戦争が終わってもポンギさんは故郷には帰れず、苦労に苦労を重ね、沖縄のサトウキビ畑の片隅の小屋で人目を避けて暮らした。91年、永眠。10年近い取材を重ねた川田は「あまりにも凄まじい」ポンギさんのたどった人生の「片鱗に触れたにすぎない」と「あとがき」に記す。

朝鮮からの「慰安婦」と軍夫は1万数千人から2万人ほどいたとされる。多くが艱難を強いられ犠牲になったとみられるが、動員数は不明。摩文仁「平和の礎」に刻銘されるのは447人（2016年6月現在）に過ぎない。沖縄戦の全貌を知るには、まだ多くの課題が残されている。

◇

「ありったけの地獄」が現出した沖縄戦。日米の戦没者は計20万人を超え、およそ日本が18万8千人、米軍が1万2500人。うち沖縄出身者は軍人軍属と一般人を合わせて12万2千人。八重山での強制疎開による「戦争マラリヤ」など病死や餓死を含めると、沖縄の全戦争犠牲者は15万人と推計する研究もある。

一般人の戦没者9万4千人の中には、14歳未満の1万1千人余も含まれる。友軍のはずの日本軍によるスパイ視・虐殺、壕から追い出されて県民多数が犠牲になった。集団自決死は慶良間諸島や読谷村などで1千人は下らないとされている。

『沖縄県史　各論編6　沖縄戦』の編纂に当たった沖縄戦専門部会長の吉浜忍・沖縄国際大教授は「沖縄が真に平和な社会にならないかぎり、沖縄戦研究は終わってはならない」(3)と述べている。

沖縄では、戦闘機やヘリの墜落、炎上事故や部品落下が相次ぐ。米軍基地があるかぎり、「戦場」がなおも続いている。

【注】

（１）酒保は日用品・飲食物の販売所

（２）『週刊金曜日』17年11月24日号

（３）『本郷』２０１７年９月号（吉川弘文館）

コラム 【基地引き取り運動】

「自分の荷物は自分で持とう」

日本の安全保障の要だと、沖縄に押し付けてきた米軍基地を本土に引き取ろう——。「基地引き取り」という新しい市民運動が広がっている。大阪を起点に10都府県に及ぶ。在日米軍専用施設の7割が沖縄に集中する不平等性に、国民全体が目覚めようという運動だ。

まず2005年3月、辺野古新基地「ノー」をJR大阪駅前で訴えていた市民たちが「引き取る行動・大阪」を立ち上げた。大阪のメンバーは「本土の人は、やっかいな基地はこれまで通り沖縄に負担してもらい、平和を享受してきた」。自らも問い、こんな認識に至った。日米安保条約で日本の安全が守られていると思っている日本人が大半。なのに、沖縄の基地過重負担には見て見ぬふり。根源的には植民地主義的な沖縄差別があるのではないか。当事者意識を持って基地も引き取るべきだ、という考え方である。

県外移設を求める沖縄からの訴えに「応答」しようと、運動は福岡、長崎、新潟、東京へと広がり、17年4月、全国連絡会が発足した。共同で早速、全国知事アンケート（46のうち42道府県が回答）を実施。沖縄の米軍基地について「縮小するべきだ」と答えたのは4県、他は「国の専管事項」「無回答」だった。

運動の共通目標は辺野古新基地の阻止だ。米軍普天間飛行場の移設先は全国の自治体を候補地として引き取り、そこで基地や日米安保の是非も含めておおいに議論。民主主義と自治の精神に則って基地を問おうというのが本質的な狙いだ。

高橋哲哉は「県外移設とは、基地を日米安保体制下で本来あるべき場所に引き取ることによって、沖縄差別の政策に終止符を打つ行為」（『沖縄の米軍基地』集英社新書、15年）と定義する。

Ⅴ章　自己決定権

15、琉球独立論の射程
～「民意無視」ヤマト問う

1879年、独立王国だった琉球を日本が併合して以来の、植民地支配や差別、沖縄戦の惨禍、さらに、基地負担がのしかかる。なおも続く負の連鎖で失われた沖縄の「自己決定権」を取り戻そうというのが「琉球独立論」。射程の先に東アジアの平和のネットワークを見据える。

独立論を担う「琉球民族独立総合研究学会」が発足から2018年で丸5年。5月19、20の両日、沖縄国際大学（沖縄県宜野湾市）で第10回の学会大会が開かれた。オープン・シンポジウムは通算20回目。独立と平和、独立と経済、先住民族としての自己決定権、島言葉などをテーマにしてきた。先住民族としてのアピールを国連機関などに強めていく。

●植民地化された「王国」

保革を超えた「米軍基地ノー」の民意を尊重しない日本・ヤマトに対置する琉球独立論。その歴史と論理・心理について概観したい。

古来、東南アジアや中国、朝鮮、日本を結ぶ海洋貿易国家として栄えた琉球王国。近代に向かう1854年には、5度目の来琉だったペリーと琉米修好条約を締結、続く55年に仏、59年に阿蘭陀《オランダ》と同様の条約を結ぶ主権国家だった。戦後から連綿と続く琉球独立論の背景には、「非武の国」であった王国の歴史への思いと、沖縄戦で「捨て石」とされ、過重な基地負担がなくならない現状がある。そうした「誇り」と「憤り」の二つが独立論へと駆り立てる。

琉球王国は1429年、中山国、山南国、山北国が統一され誕生した。小国ながら東アジアの中心に位置する有利性を活かした中継貿易センターとして繁栄した。琉球は中華帝国を中心にした儒教的な華夷秩序（君臣間で「仁」「義」「礼」など徳目重視）の下にあった。明・清との進貢関係は明治期まで続き、中国から来訪した冊封使は二十数回にのぼるという。

琉球王国は1609年、薩摩藩に侵略された。秀吉の朝鮮出兵の目論見に際し、兵糧米供出要求に全ては応えなかったのを伏線に、1602年に陸奥国に漂着した琉球船の39人を送還したのに対する返礼使なしなどを無礼として、島津氏が家康と談合のうえ兵約3千人を差し向けた。琉球は進貢国としては朝鮮に次ぐ第2の席次で、家康は対明貿易再開の仲介を琉球に期待したとされる。だが琉球は当時、明による冊封を控え返礼に応じなかった。

島津氏は琉球王朝には王位に代わる「琉球国司」号を強制し、検地を実施するなどして支配・徴税体制を築いた。捕虜・人質にした尚寧王と三司官（3人の最高官吏）には島津氏に忠誠を誓う起請文提出を求めたが、三司官の一人、謝名親方利山はこれに抵抗し、島津家久の命で斬首された。

明治期、新たな苦難に見舞われる。明治政府は1872年、一方的に「琉球藩」設置を言い渡した。内務大丞（内務官僚のナンバー4）の松田道之は75年5月首里城で、清国との朝貢・冊封関係の停止や日本の府県制度にならった制度改正など5項目を命令し、琉球は若手官吏の研修派遣のみを受け入れた。王府は日本に全面服従せず、清国にはなお72年と74年に進貢使を派遣した。

明治政府は79年3月、琉球がこうした「命に反した」として、熊本鎮台の分遣隊や警察官など500人近くの武力をもって再び松田を派遣。首里城を囲み、城の明け渡しや藩王上京、官簿の引き渡しなどを求めた。琉球王国は解体され、沖縄県が置かれた。

これに対し王府役人は一切出仕せず、租税徴集書類の提出も拒否（血判誓約書運動）したが、県当局はボイコットを続ける士族らを逮捕、拷問を加えた。琉球側は東京と清国で救国運動を展開。清国も問題を重要視し、琉球の進貢停止命令を日本に抗議した。

日本による琉球併合直後（81年）、自由民権運動の理論的指導者、**植木枝盛**が琉球独立を提唱していたことが知られている。アジアは欧州各国のように武威を頼んで侵略主義を行うのでなく、琉球を独立させることは「有道の事にして開明の義に進むものなり」（『愛国新誌』寄稿）と、その後の日本が歩んだ道に警鐘を鳴らすような論じ方だ。彼が起草した「日本国国憲案」は民衆憲法諸案の中で最も民主主義的な内容で、今の平和憲法作成の過程に影響を与えたともいわれる。

●「祖国」問い続ける

薩摩侵入から500年余り。苦難の歴史から盛んに琉球独立論が論じられてきた中で、2013年5月、新しい動きが起きる。琉球民族独立総合研究学会の発足だ。琉球は米軍の軍政支配、そして日本復帰後も基地を押し付ける日米の「植民地」と捉えるのが特徴。「琉球は日本から独立し、全ての軍事基地を撤去し、新しい琉球による平和と希望の島を」と掲げる。琉球独立に関する学会は初めてで、基地問題や平和に携わる内外の「琉球弧」(奄美から沖縄に至る弧状列島)出身者で構成。独立を具体的、客観的、国際的に議論し、研究成果を積み上げて実践活動につなげていく。

同学会元共同代表で龍谷大教授の**松島泰勝**(1963年、石垣市生まれ)は、差別構造撤廃や自己決定権回復を論じつつ、「琉球人に独立を促す最大の要因は『いまそこに在る危機』。中国の覇権国家としての野望、それに対応するがごとき日本の右傾化、アメリカの相対的国力低下等、琉球を取り巻く様々な状況は、硝煙の臭いを強く感じさせる」(『琉球独立論』)と指摘する。事実、「戦争法」を強行成立させた安倍政権が向かう先は極めて危険だ。「琉球は、2度と他者の戦争に巻き込まれたくない」。基地は戦争を発動し、攻撃を受ける危険性がある。日本に属していては「日米の捨て石」となり、基地はなくせないとする。

「日本は帰るべき祖国ではなかった」――。こうした声が広がったのは1995年9月、米兵3人による少女暴行事件が発生した時期だ。警察は身柄を確保できず、復帰しても何も変わらない現状に県民の怒りが沸騰した。

沖縄の声が届かない日本に愛想をつかして独立論を唱えた代表格は、復帰運動指導者の一人で、元コザ（現沖縄市）市長の**大山朝常**（１９０１〜99）である。96歳の時、「こんなヤマトは私たち沖縄人の祖国ではない」と痛切な思いで筆を執り、『沖縄独立宣言』（97年）を著した。王国以来背負った歴史の不条理さをたどりつつ、戦前・戦後と復帰前・復帰後も何ひとつ変わらずに沖縄を踏み台にしてきたと指摘。「なぜ、沖縄だけが」とヤマトを問う。

教員だった大山は沖縄戦当時、青年学校長。教え子６００人を義勇隊として米軍が上陸（１９４５年4月）した最前線に送り、戦車の前に身を投げ出したりして半数を犠牲にした。自らは、鉄血勤皇隊の県立一中３年の長男、通信隊の県立二中2年の次男、10代の特志看護婦の長女、避難中の山中で餓死した母・兄の家族計５人を失った。

敗戦半年後、15歳の次男が手榴弾で自決した海岸の場所が分かった。そこにたたずんだ大山の慟哭の様子は、文字では表せない。捕虜になることを絶対許さなかった、かの帝国日本があった。

95年を境にしたこの時期は、独立をめぐる単行本出版や集会も相次ぎ、独立論が最も広範、かつ多様に語られた。97年5月には、二日連続の討論会「〈日本復帰・日本再併合〉25周年　沖縄独立の可能性をめぐる激論会」が開かれ、県内外から延べ1千人余りが参加した。音楽家の喜納昌吉らが企画。沖縄のアイデンティティーを模索し、経済的な自立も論点となった。

この激論会を機に有志が「21世紀同人会」を立ち上げ、琉球弧の自立・独立論争誌『うるまネシア』（2000年創刊）を定期発行。例えば第19号（15年1月発行）は「沖縄戦70年　戦後なき琉球」を特集し、「歴史の主体」としての有り様を探っている。

●戦後すぐ「自立」意識

沖縄の戦後は米占領軍による軍政から始まった。マッカーサーや歴代の米高等弁務官も「沖縄人は日本人とは違う」との認識だった。琉球は独立国だったのだから併合した日本から独立すべき、とアイデンティティーを失わない精神は敗戦直後から伏流していた。

「帝国臣民」から解放され、初期の自立構想は独立論に彩られたのが特徴だ。名護町（現名護市）出身の日本共産党戦後初代書記長、**徳田球一**は1946年2月、「沖縄人民の独立を祝う」というメッセージを発表。少数民族として日本による搾取と圧迫に苦しめられてきた沖縄人が、「多年の願望たる独立と自由を獲得する道につかれた」と祝している。米軍を「解放軍」と捉えた認識が背景にあった。

戦後初期は米国や台湾への期待感もある。「琉球は厳として琉球人のものなり」と47年に独立を宣言したのは、**仲宗根源和**委員長の「沖縄民主同盟」で、米国と親善関係を結びながらの独立共和国をめざした。政党4党では、共和党が強い独立論を唱え、沖縄人民党は琉球人の自主性を前提とした日本との「結合」、社会大衆党が日本復帰、沖縄社会党が米による信託統治、と分かれた。

台湾が110キロ先に見える与那国島の49年の町長選では、日本復帰論者、琉球独立論者、台湾帰属論者の三者が立候補したことも、当時の琉球の状況を示す。台湾が近いだけに、中国の革命運動に参加して帰国し、「台湾と一緒になっての」独立を主張したのは新垣弓太郎（1872〜1964）。部下に孫文もいた。沖縄戦終局の45年5月、本島南へ避難しようとした妻を日本兵に射殺され、日本という天皇制国家に厳しい目を向けた。

中国で抗日運動を展開した喜友名嗣政《きゆなつぐまさ》（1916〜89）は蒋介石の国民党と一緒に台湾に渡り、台湾で琉球独立運動を展開した。ヤマト嫌いで、反共だった。喜友名は米軍支配を独立の好機と捉え、国民党政府も独立運動を支援したという。

「主権在琉球人論」を唱えたのは、52年の第1回立法議員選挙で当選した保守政治家、新垣金造（1895〜1956）だ。日本国の主権が日本国民に存するのと同様に琉球の主権は琉球人にあるとし、日本国憲法はポツダム宣言（琉球の施政権には触れず＝注1参照）により琉球人民に及ばないとの主張だった。

いったん沈静化した独立論は72年の沖縄返還が近づくにつれ、「反復帰論」として再び盛り上がりをみせる。

復帰に疑問を持つ人たちでつくる「沖縄人の沖縄をつくる会」（69年）を立ち上げた大浜孫良（1917年生）は72年に渡米し、ロジャーズ国務長官らに「私たちに施政権を」と求めた。台北帝大卒の牧師で、敗戦後に沖縄に戻り、「自由学園」と称し十数人の若者に世界史と英語を教えた。また、琉球独立党（70年）党首として71年の国政参加選挙（参院選）に立候補した崎間敏勝（1921〜

2013）は「民族自決の建前から住民投票によって『復帰反対、琉球独立』の県民意思を結集すべきだ」などと訴えた。結果は惨敗だが、東京帝大を中退し琉球政府の要職を歴任した人物。こうした二人に共通するのは、薩摩侵入以来の、日本従属と戦後の米国従属に対する拒絶だった。

理念的な反復帰論を唱えたのは、『新沖縄文学』編集長や沖縄タイムス会長を務めた**新川明**（1931年生）らである。新川は琉球人が日本国の同化政策に対し、自ら進んで同調していくような精神の貧しさを超克しないと真の意味の解放とはなりえない、と考える。日本国を相対化する思想だ。「一種の精神革命を主張していたとも言えるでしょう」（『世界』2015年4月臨時増刊号）と述べている。

●日本への幻滅と尊厳

琉球／沖縄の日本復帰から、独立論、自立論はどう展開したのか。

県民には、「平和憲法をもつ日本へ」大きな希望を抱いての復帰だった。その希望は間もなく打ち砕かれる。基地負担は軽減されず、ベトナム戦争やイラク戦争の出撃拠点となり、米兵による犯罪、事故は多発する。米軍を「抑止力」とひたすら頼む本土は、現状を「見て見ぬふり」してきた。

王国以来の「非武」の伝統がある。元沖縄タイムス記者で詩人の**川満信一**（1932年生）は81年、「われわれは『戦争放棄』を掲げた日本国憲法と、それを遵守する日本国民に期待をかけたが、好戦国日本にホトホト愛想がつきた」と断じ、「琉球共和社会」を築く独立論を「琉球共和社会憲法C私（試）案」として提示した。琉球弧に含まれる奄美を含む4州を設けて、国家を超えた「共和社会」を構成。

全人民が署名して制定する独自憲法は全56条、通底するのは直接民主主義だ。

やはり同年、「琉球ネシアン・ひとり独立宣言」をした詩人で思想家の**高良勉**（１９４９年生）がいる。海洋を基点に国家を超えた〈クニ〉を幻視。「自らが侵略戦争に巻き込まれない為にも、アジアの人々を殺さない為にも、日本帝国から独立を宣言する」のである。川満と同様に「母国」と信じた日本への幻滅がある。琉球民族独立総合研究学会発起人の一人になっている。

近年では、海を愛した詩人の**真久田正**《まくたただし》（１９４９～２０１３）が国家や民族を本源的に問う『沖縄独立研究序説』（13年）を発刊し、独立の過程と経済についても具体的に示した。独立論争誌『うるまネシア』編集長も務めた。

沖縄出身の学者による問題共有も少なくない。米イリノイ大教授だった**平恒次**（１９２６年生）＝経済学＝は琉球が独立国であることを前提に、「日本と同格の琉球」として日本国連邦に対等な立場で参加・合併することを復帰時に提唱した。著作には『日本国改造試論』（74年）などがある。

琉球王国、軍政下の琉球政府を経て自治の豊かな土壌があるとされる沖縄。自治制度や自立構想、道州制（沖縄州）の研究も盛んに行われてきた(2)。東大から沖縄国際大教授になった**玉野井芳郎**（１９１８～85）＝経済学、山口県出身＝は２００７年、自治体憲法制定を提唱した論文「地域主義と沖縄自治憲章」で、絶対平和主義や抵抗権をうたう。「守礼の邦」に象徴される非暴力と、苦難の歴史・基地の存在を踏まえている。

国政レベルでは、衆院予算委員会で１９９７年２月、独立論議に一石を投じた**上原康助**議員

（1932〜2017、社民）がいる。沖縄が独立するとしたらどういう法的措置が必要かと質問したのに対し、政府側は現憲法でそのような行為を想定しておらず不可能という答弁で、論議はそれ以上深まらなかった。

●「独立」への道とは

「独立総合研究学会」の動きに戻る。趣意書では「琉球の島々に民族的ルーツを持つ琉球民族は独自の民族である」と、まず独立宣言。「日米によって奴隷の境涯に追い込まれた琉球民族は自らの国を創ることで、人間としての尊厳、島や海や空、子孫、先祖の魂をまもらなければならない」。「奴隷の境涯」の文言には、琉球は日米に併合された形の「植民地」との認識から民族としての誇りを取り戻そうとの思いがこもる。

独立への道はまず、国連脱植民地化特別委員会のプログラムに、植民地的な状況にある「非自治地域」として登録。独立の可否を問う住民投票を国連の監視下で実施し、過半数の賛成で独立宣言に至る。「琉球人の琉球人による琉球人のための独立」。日本からは平和的に独立し良好な関係をめざす。

独立した琉球は、各島嶼からなる「琉球共和国連邦」として非武装中立国家に。「島嶼海洋国家」として分権的・ネットワーク型の政体をめざす。米軍基地はなくす。

連邦憲法第1条に掲げるのは、いまや危機に瀕した日本国憲法第9条だ。9条を「人類の宝」と位置づけて、日本に代わり平和を全世界にアピール。王国時代の伝統がある外交力、交渉力で多国間の平和条約ネットを形成し、国連機関や国際的諸機関を誘致して、武器を持たなくとも平和を創りだす主体になれるとする。

学会では、独立を目指すグアム、台湾、ハワイ、英国スコットランドやスペインのカタルーニャ・バスク等の欧州各地域、さらに独立国となった太平洋島嶼国等の人々と研究交流する構え。「学会」元共同代表の松島教授らは14年9月、独立をめぐる住民投票当時のスコットランドを訪れて取材し、誇り高い民族意識と独立への取り組みに大きな感銘を受けた。国連の各種委員会、国際会議にも参加し、琉球独立への世界的働きかけを視野に入れている。

学会メンバーが独立の例として注目するのはパラオ共和国だ。パラオは1885年にスペインの植民地、第1次世界大戦後に日本の国連委任統治領、第2次大戦後は米国の国連戦略的信託統治領に。93年に行われた住民投票の結果、自由連合国として翌年に独立。内政、外交権は自国が持ち、軍事は米国に委ねる。

人口2万人余りのミニ国家ながら、16州で構成。州ごとに政府と議会が置かれ、憲法を持つという分権体制が確立されている。人と環境との共生を柱にした独自の国づくりを進め、自らの運命を自らで決める自己決定権を誇る。翻って沖縄県の人口は、はるかに多い約144万5千人。

そもそも国連は、琉球と琉球人が置かれたこうした現状を把握し、日本政府に改善を促してきた。国連人権委員会は08年には、琉球人を先住民族として国内法で明確に認め、その文化遺産及び伝統的生活様式を保護、土地の権利も認めるべきだと求めた。

また、「沖縄の人々が被っている根強い差別に懸念を表明する」と指摘したのは、10年の国連人種差別撤廃委員会。沖縄の人々の独自の民族性、歴史、文化、伝統に配慮しない日本の認識を遺憾とし、軍事基地の集中は住民の経済的・社会的・文化的な権利の享受に否定的な影響を与えている、と基地問題にも言及した。

「学会」の松島教授によると、NGOメンバーとしての松島を含む琉球の人たちは1996年以降、先住民族・人種差別問題や脱植民地化について、国連の組織やフォーラムで問題性を訴え、世界の民族と意見交換してきた(3)。松島はさらに、琉球人民の自己決定権を、国連の目的を定めた憲章第1条2項の人民の「自決の原則の尊重」に依拠する。

自己決定権は、自らの運命に関わることは自らの意思を中央政府に反映させられる権利。国連憲章のほか国際人権規約や植民地独立付与宣言でも認められ、先住民が政治的・経済的・文化的発展を自由に追求できる。

だが「学会」には、沖縄では県民の意思に反し、日米の軍事植民地的体制下に置かれ、自己決定権は奪われたままだとの認識がある。自己決定権の行使は脱植民地化とイコールとなる。16年3月には、「先住民族の自己決定権とは何か」と題したシンポジウムも開催。「琉球/沖縄人としての自己認識を確立、歴史の負の連鎖を断ち切り、誇りと尊厳に根差した『シマ』社会の構築を」との思いを共有した。

●平和の「架け橋」に

琉球王国時代のような目で、沖縄を同心円にしたアジア地図を見てみる。まさに、アジアの中心に位置する。こうした王国の歴史と立地を活かした、平和的国際交流拠点として沖縄を再生させようとしたのは大田昌秀（1925〜2017）県政の時代、1996年の「国際都市形成構想—21世紀に向けた沖縄のグランドデザイン」だ。米軍基地撤退を前提に、アジア各地域との交流・連携を深める多角的安全保障の考え方に立つ。沖縄戦で自身も九死に一生を得た大田には、「軍隊は民間人を守らない」との痛切な教訓がある。だが、大田の退陣で構想は頓挫した。

大田は生前、安倍政権下では憲法が危機に直面、平和憲法を希求してきた県民にとって、「これまで何のために生きてきたのか、生存の意義そのものが問われる」（4人の共著『沖縄の自立と日本』）と懸念していた。

大田県政の構想の基本は、独立総合研究学会が目指す理念に流れている。新しい琉球は、世界中の国々や地域、民族と友好関係を築き、長年待望していた「平和と希望の島」を自ら創りあげるとする。大国には依存しない非武の緩衝地域を東アジアに設け、信頼醸成の「関係性」を重んじた交流を図る、既存の領域国家像を超えた「独立」——。

松島らは「もしかすると戦後日本がなり得たかもしれない新しい国家像といえるのでは」（前掲書）と、過去の独立論を乗り越えようとする。国境を超えて平和を創る、民衆主権の共和社会のような国家像か。そして、自国内に植民地的基地が存在しつつも米国一辺倒のヤマトに対し、「沖縄問題は日本問題だ」と逆照射する。

琉球独立論の画期は、①敗戦直後、②復帰前の「反対」・復帰後の「失望」、③20年余前の米兵犯罪に伴う反基地運動、④21世紀の分権論、⑤「研究学会」発足、に大別されるだろう。多彩な独立、自立論が幾つも展開されてきたこと自体が、琉球の持つ政治・文化的土壌の豊かさを物語る。

独立総合研究学会が目指す国家像は主権国家から国際国家への道だ。交易国家時代、「非武」の琉球は多国間ネットワークで繁栄を維持してきた。その「外交術」を「防衛力」にする。ナショナリズムとインタナショナリズムを兼ね備えた運動としてある。

独立論は実現性の薄さから、かつて「居酒屋独立論」と揶揄《やゆ》され、政治的な勢力を得て来なかった。経済的自立の可能性にも大きな疑問符が付けられたが、「基地経済」依存度合いは、現在は５％程度（１９７２年は15・５％）。沖縄県は「過重な米軍基地の存在は、道路整備や計画的な都市づくり、産業用地の確保等、地域の振興開発を図る上で大きな制約」（ホームページ）と指摘する。

最近の観光産業の隆盛は仮に独立した場合の先行き明るい基になる。２０１７年度の観光客数はハワイを上回る９５８万人（観光収入は16年度、６６０３億円）にのぼる。アジアの外国人観光客増は「独立・琉球」の平和センター化構想への弾みともなる。

【注】

(1)〈ポツダム宣言と中国の琉球観〉 国際法の観点からは、敗戦から日本復帰までの沖縄の政治的地位をめぐる「違法性」を指摘する見方がある。ポツダム宣言では第8条で「日本国の主権は本州、北海道、九州及四国並に吾等の決定する諸小島に局限せらるべし」とあり、日本の領土を4島以外の沖縄にも拡大するのであれば、同盟国の米・英・中(中華民国)による共同決定の手続きが必要なはず、とする見解。だが、アメリカは協議することなく日本に施政権を移した。これに対し、中華民国(台湾)は1971年と72年に「アメリカが琉球の施政権を勝手に日本に移したことは『カイロ宣言』『ポツダム宣言』に反し、不満」との声明を発表している。

一方、中国では琉球の中国帰属を主張する学者が増えている。『琉球独立論』の松島氏によると、琉球王国は中国に朝貢▽日本による併合は軍事力を用い不当▽国共分裂や冷戦で琉球に対する権利行使の機会を逸した――などを理由にあげる。松島氏は「琉球は中国の所有物ではない」。

(2)〈自治研究〉 地域住民が主体となる、よりよい自治や道州制を研究する「沖縄自治研究会」(2002年、研究者や公務員、市民らで構成)や県庁職員らによる「沖縄道州制等研究会」(04年)がある。15年4月には、沖縄の九州への統合に反対する、保革の枠を超えた市民運動グループ「琉球自治州の会」が発足した。道州制に関しては、王国の中にあった奄美を含めた琉球弧で構成して〝独立〟を図る案もある。

(3)〈先住民意識〉 1999年に設立された人権保障と平和をめざすNPO法人「琉球弧の先住民族会」が2005年に法人化された。国連の関連各機関の会合やフォーラムに参加して国際的地位を向上させ、琉球・沖縄民族の自己決定権を中心とする権利回復を図るとしている。

【主な引用・参考文献】

松島泰勝『琉球独立論』（バジリコ、２０１４年）
松島泰勝『琉球独立への道』（法律文化社、12年）
比嘉康文『「沖縄独立」の系譜』（琉球新報社、04年）
大山朝常『沖縄独立宣言』（現代書林、１９９７年）
大田昌秀・新川明・稲嶺恵一・新崎盛暉『沖縄の自立と日本』（岩波書店、２０１３年）
シリーズ日本の安全保障４『沖縄が問う日本の安全保障』（岩波書店、15年）
『世界』臨時増刊号「沖縄　何が起きているのか」（岩波書店、15年４月）

16、沖縄自立阻む国の「振興」体制
～県経済より「米基地第一」

沖縄の日本復帰から45年が過ぎた。いまだに全国にはびこる神話は「沖縄は米軍基地で食っている」。ネット上でフェイクニュース（虚偽情報）が発信・拡散されている。今では基地への県経済依存率は5％ほどに過ぎず、広大な土地を占める米軍基地は沖縄県発展の「阻害要因」でしかない。

国による沖縄振興開発費として約12兆円（２０１６年まで）が投じられた。果たして効果を上げたのか。全国的に最低水準の一人当たり県民所得、高い子どもの貧困率、生活保護者の増加、平均寿命は悪化……。県経済、県民の現状からは、振興体制は失敗だったと総括されるだろう。多大な公共事業を繰り返したものの、県民一人ひとりの暮らしや福祉に国の目は届いていない。国が主導してきた沖縄振興の隠された、最大の目的は米軍基地の安定的維持と米軍による自由使用だからだ。

沖縄を犠牲にして日本本土が〝安眠〟する日米安全保障体制。政府にとっては、沖縄が基地「依存」を脱却、独自路線を歩む力をつけては困るのが問題の本質である。

●「基地依存」は神話—返還跡地の発展大

沖縄経済における基地関連収入（軍用地料、軍雇用者所得、米軍等への財・サービスの提供など）の割合は、本土復帰の1972年度には15・5％だったが、90年度には5％を割り込み、以降は5％余りで推移している。2014年度でみると、県民総所得4兆2744億円に対し5・7％（2426億円）と県経済の基地依存度は限定的になっている。

半面、基地返還後の跡地利用が県経済に大きな効果を上げている。那覇市の新しい都市拠点となった那覇新都心地区（1965年から87年にかけて順次返還）、那覇市のベッドタウンとして発展する小禄《おろく》金城《かなぐすく》地区（65年から86年にかけて順次返還）、大規模商業施設などが立地する北谷《ちゃたん》町の桑江・北前地区（77年から81年にかけて順次返還）。沖縄県によると、3地区合わせた返還後の直接経済効果（生産・販売等の経済活動による直接的な効果）は、返還前と比べて約28倍に、雇用者数は約72倍にのぼる。北谷町は脱基地のまちづくりの成功例となった。

今後返還が予定されている普天間飛行場や瑞慶覧《ずけらん》など5施設についても、跡地利用の直接経済効果と誘発雇用人数（誘発される生産に必要な理論上の数字）が、いずれも約18倍になると見込まれる。土地が米軍に奪われなかったら、活かされたであろう経済損失の大きさを浮かび上がらせる。

モノを生産しない基地経済は、工業や農業などのように生産基盤が年と共に発展していく自己増殖作用が働かない。仮に軍事的理由で基地が縮小、撤退するとたちまち悪影響を及ぼす不安定性がある。生産に資するものは何も残らず、米軍雇用の失業者だけが残されることになる。

基地経済ではまた、農工業から労働力を大量に奪って第3次産業が肥大化し、基地依存度を高めていく危険性を内包する。消費だけが膨らむ移入（輸入）経済化で、移出（輸出）する製造業の発展が阻害される弊害がある。

かつては沖縄でも生産されていた味噌や醤油など、地域内の産品を地域で消費する「地産地消」の循環が失われてしまった。おカネが沖縄からどんどん出ていく「ザル経済」化と称された。基地関連収入で生活水準は一定程度上がるが、それに対応して経済が自立、拡大していかない矛盾がつきまとう。

基地所在21市町村の財政状況（2012年度決算）はどうか。基地関連収入の割合が最も高いのは39・8％にのぼる金武《きん》町。次いで恩納《おんな》村（33・7％）、宜野座《ぎのざ》村（30・0％），嘉手納町（22・8％）などとなっている。辺野古新基地建設問題で揺れる名護市は歳入に占める割合は7・9％にとどまるが、基地収入額は26億6千万円余と大きく、普天間飛行場を抱える宜野湾市もそれぞれ3・1％の10億6千万円余と10億円を超えている。基地関連収入が各市町村財政に占める割合は大きい。

半面、産業振興に必要な土地を奪われている基地所在市町村は、基地のない市町村に比べて失業率が高い特徴がある。基地関係の振興資金の投入で財政の基地依存度が増し、地域経済の自立が遅れるという矛盾がここでも起きている。

一方、米軍基地の土地には固定資産税は課されず、米軍所有の建物や格納庫・商業施設などの資産にも固定資産税や都市計画税が免除されている。その税収減と、基地騒音の防音対策や環境対策など基地があるために生じる自治体の負担増に対する見返りとして、「助成交付金」と「調整交付金」が支出されている。これには、「同税相当額の5割にも満たない。基地がないほうが税収は増える」との見方[1]がある。

基地内外に住む米軍人・軍属やその家族たちに対しても、住民税や電気・ガス税などの市町村民税が免除されている。在日米軍駐留経費の負担（思いやり予算）では、基地の地代や家族住宅建設費、基地労働者の労務費、光熱水量を日本側が負担。総額は年間7千億円を超し、駐留経費全体の7割強が日本側の負担だ。

また、在沖米軍関係者が基地外の民間地域に居住するケースが増え、２０１１年には29％、1万４８４４人と04年比から倍増している。一般住民と同じように、上下水道やごみ処理、消防などの公的サービスを受けているのだが、税が免除されるので「課税の不公平」感が露わとなる。

●問われる振興体制―事業執行バラバラ

沖縄の日本復帰とともに開始されたのが、国による沖縄振興開発計画だ。沖縄戦で全土が焦土と化した過酷な歴史と27年間にわたる米軍支配で生じた基盤整備の遅れを取り戻すという「格差是正」「償いの心」を大義名分に、他府県にはみられない特別な仕組みが導入された。道路、港湾、農業基盤などの社会資本整備について、国が責任をもって取り組む法整備と機構が整えられた。事業には全国一の高率補助が適用された。

1971年に沖縄振興開発特別措置法が制定され、72年5月、沖縄開発庁が発足した。同庁は2001年1月に廃止、内閣府沖縄担当部局に引き継がれ、沖縄担当大臣が置かれた。出先機関が沖縄総合事務局だ。計画策定、予算一括計上までが沖縄開発庁・沖縄総合事務局の仕事となり、予算の執行管理は農林水産、道路、港湾等の事業担当省庁が行うバラバラな行政執行体制になっている。

国が主導した振興計画は1972年度から2011年度まで、4次にわたる。道路等の基盤整備以外の経済振興は、ほとんど見るべき成果がなかったとする識者は少なくない。失敗の大きな要因は、計画作成の主体が全国で唯一、沖縄県ではなく、日本政府であったことにある。県は素案を出すにとどまる。政策形成の実施・評価、次の施策形成に至る過程に多様な省庁が関わって統一性や一貫性に問題が生じ、政策が失敗しても誰も責任をとらない無責任体制になっている。

振興開発の中身と自治体に関して、島袋純・琉球大教授は「産業振興や経済の自立発展よりも公共事業そのものの極大化となり、かえって財政依存的な体質が徹底していく」(2)と批判的な総括をする。田中角栄に代表される利益還元型の政治システムによる計画と指摘される。

沖縄振興開発計画では、第1次（1972～81年度）と第2次（82～91年度）で、日本全体の「全国総合開発計画」（1962年から第4次まで）を後追いしたような工業誘致を掲げたが、うまくいかなかった。

第3次（92～2001年度）では計画の誤りを認め、観光・リゾート産業を戦略的産業と位置付けた。これも、失敗した第4次全国総合開発計画（4全総）の引き写しだった。続くのが「開発」をとった沖縄振興計画（02～11年度、第4次）。製造業、建設業は重点産業から外され、「自立型経済構築のための基本方向」が示された。

12年度からは、改正沖縄振興特別措置法の実施で県が振興計画を作成することになり、初の計画が「沖縄21世紀ビジョン基本計画」（12～21年度、第5次）。沖縄らしい「優しい社会」作りを目指し、これまでの振興計画について、「自立型経済の構築はなお道半ば」と総括する。

自立経済化に向けては、観光・リゾート開発や国際物流拠点の形成、情報通信関連産業の高度化・多様化などがうたわれている。基地返還を沖縄特有の課題として初めて明記、日本政府の意図から自立した姿勢もみせた。ただ、策定主体はあくまで日本政府で、改正前と同様に日本政府の管理下にある。

振興計画の結果はどうであったか。２００９年度までの累計を調べた研究によると、事業費のうち公共事業が92％と突出し、うち道路関係が35％にのぼった。教育文化振興はわずか6％、保健衛生等が０・５％で、ソフト事業への支出が極めて少ないいびつな構造だ。事業配分も40年近く、ほとんど変化がなく、国が沖縄のことを親身に考えて計画しているのかは疑わしい。

このため、自治体が高率補助（補助率もほとんど変わっていないという）の公共事業に競って傾き、住民ニーズがない無駄なハコモノ建設が続出した。国の懐からいかにカネを引き出すかが各首長の腕具合となり、その結果、自治体と住民から、わが郷土の将来をどう描くかの構想力が奪われた。事業費そのものの拡大と実績の確保が重視され、住民の暮らしに結びつく社会的効果や経済的波及効果が軽視された。財政規律が失われ、そして、「自治を破壊した」。島袋は厳しく問う。

ハコモノは後に、維持管理費が財政を圧迫することになる。だが国が計画主体なので、振興予算に対する議会のチェック機能も効かせられない。

島袋は10年11月、県による沖縄振興計画等総点検に対する「意見」を提出している。振興計画には国、県、市町村が一体となって取り組む必要があるとしているが、ことごとくできていないと前置き。施策展開の際に国は「沖縄の抱える特殊事情に配慮」とあるが、それをほとんど顧みないで、固定化された予算枠を押し付けている▽予算化・事業実施では、その効果の最大化をはかる政策評価が重要だが、なされていない▽振興計画が「効果」より予算の極大化自体に焦点が当てられているからだ――と本質的な問題点を摘出する。

自由貿易地域、各種の特区、企業誘致は概ね成功していない。沖縄振興体制はいくら予算を注ぎ込んでも沖縄の自立が果たせないシステムということである。

●「基地維持」が最優先――自律的発展を阻害

沖縄振興（開発）体制は、米軍基地から起こる問題や基地の整理縮小については、一切取り扱わない仕組みになっている。沖縄開発庁当時は、総理府や公共事業関係省庁、大蔵・自治省出身者からなる混合組織だったが、基地問題が関係する外務省と防衛省からの出向者はいなかった。沖縄の最重要課題である基地問題が、利益還元型の公共事業に覆い隠されてしまった。

琉球銀行調査部（１９８４年）は早くからそのことを認識し、「沖縄における経済政策は純粋にそれ自体が重要な課題とされたことはなく、基地の安全保持という至上命題を確保するための〝手段〟として第二義的な意味合いしか付与されてこなかった」と解説している[(3)]。振興体制の本質が、沖縄の自立発展というより、基地維持の見返りとして行われる補償型政策であることを見抜いていた。

政府主導の沖縄振興策が自立的経済発展を、むしろ阻害する理由について、大城常夫は「安保維持政策としての沖縄振興策の当然の帰結」と指摘していた[(4)]。沖縄が経済的な自立を手に入れれば、さらなる経済発展に必要な場所を求め、米軍基地返還の動きを招きかねない。そうなれば、在沖米軍基地に大きく依存する日米安保体制の根幹に関わる。日米安保を安定的に維持していくには、沖縄の経済発展をいかに抑制し、米軍基地なしでは地域経済が成り立たないような体制をいかに保持するかが、日米両政府にとって重要課題となる、との見立てである。日米同盟を評価する立場だけに、逆に説得力がある。

つまりは、日本政府は県経済や県民の暮らしより、「米軍基地の保持」を第一にしてきたのである。ここにきて、私たちは「『復帰』前においては米国民政府、『復帰』後においては日本政府が琉球の経済自立阻害の最大の原因であったと言えよう」と憤る松島泰勝の筆致[(5)]に、大きくうなずく。元凶はもとより、米国の占領政策にあったのである。

こうした沖縄振興体制に対し1996年11月、米軍基地返還を含む「国際都市形成構想」を打ち出した大田昌秀知事。構想は、第1に基地返還アクションプログラムによる段階的な基地撤去、第2に全島フリー・トレード・ゾーンとする自由貿易の推進、第3に沖縄開発庁の廃止とその権限・財源・

組織の県への移譲を要点にしていた。

大田は冷戦の終結（１９８９年）で欧州の米軍基地が縮小されていった時代の転換をみて、同じように沖縄でも基地が撤去されていくのではと考えた。90年11月に知事に当選した大田は、当時策定作業が行われていた第３次の沖縄振興開発計画に基地の整理縮小の文言を入れるよう求めた。沖縄開発庁は前述のように、基地に関する案件は排除してきたが、大田の強い要求で、初めて一文だけ挿入された。それを突破口に、92年から国際都市形成構想に取り組み、構想では米海兵隊の沖縄からの撤退が前提になっている。

これに対する日本政府の巻き返しが相次いだ。国が県を通さずに直接市町村を取り込むように補助金を支出する、異例の振興体制構築である。

97年度から導入された沖縄米軍基地所在市町村活性化特別事業（通称・島田懇談会事業）は所在自治体から提案された事業に必要な経費の補助で、総事業費は約1千億円だった。２０００年度からの北部振興事業は、普天間飛行場の移設先とされた名護市をはじめとする北部地域自治体が求める経済振興を主たる目的とし、概ね10年間で1千億円規模の予算を計上するとした。

通常の補助金は、自治体が必要とする事業目的があって国に申請、補助メニューと補助率を勘案しながら決められるが、この二つの事業はまさしく「つかみ金」。1千億円の事業規模が掲げられ、対象自治体は10割もの高率補助で、身の丈に合わない事業を分捕り合いした。結果が必要性の薄いハコモノの乱立だった。

米軍再編への自治体の協力具合を防衛大臣が判断、良ければ支出し悪ければ排除される、07年度からの米軍再編交付金も特異だ。

こうして、米軍基地を安定的に維持する仕掛けとしての補助・交付金も自治体の政策形成能力を奪った。国はつまり沖縄を、「軍事目的優先で国にコントロールされ限定的自治しかない軍事的植民地とみなしていると考えざるを得ない」と島袋は本質を突く。

●財政・経済の現状―本土との格差なお

沖縄振興予算の2018年度当初額は3010億円。各省にわたる事業が内閣府沖縄担当部局に一括計上される予算で、事業分野ごとに各省庁の予算に組み込まれる他府県とは仕組みが異なる。「振興予算」と呼称、別枠で上乗せされているとの誤解を招きがちだが一般の自治体予算と考えればいい。

「米軍基地があるから沖縄予算は手厚い」と見られがちなのはどうか。

国への財政依存状況をみる。15年度で比較すると、国から沖縄への財政移転は、国庫支出金（公共事業費や社会保障費など）と地方交付税交付金の合計額は7456億円で全国12位（震災復興予算が多く投入された東北3県を除く）、一人当たりに換算すると全国5位。国への財政依存度（公的支出額／県民総所得）は40％ほどと高いが、類似9県と比べて、国から「もらい過ぎ」とまでは言えない。人口一人当たりの税収額は、全国平均を100とすると、沖縄は65・1と全国最小（14年度決算）の額。自主財源に乏しく財政力は弱い構造にある。

復帰の1972年度から2010年度までの沖縄予算を、当の内閣府沖縄総合事務局調整官を務めた宮田裕が詳細に分析している。結果、宮田は『沖縄を優遇してきた』とする一部の政府関係者の論理は当たらない」と明言。「戦後の復興期に、米軍統治下に切り離された沖縄は、日本政府からほとんど財政支援を受けられず、戦後復興が大きく遅れた。そのことが現在も続く沖縄と本土との所得格差や経済格差の原点」と指摘する。

宮田はまた、米軍基地内と民間地域との経済波及効果についても比較検証。「基地依存経済が、いかに非効率で不経済で、沖縄県民がいかに大損をしているか」との分析結果も示す(6)。

沖縄に対する日本政府の財政援助が始まったのは1963年度からだ。62年3月に発表された「ケネディ新沖縄政策」がきっかけ。沖縄が日本の一部であることを認め、沖縄住民の福祉向上と経済発展を増進▽太平洋の要石として沖縄基地を安定的に保有―という目的のため、日本にその経済負担の一部を求めて来たからである。日本自らの取り組みではなかったことに留意したい。

「3K依存経済」(基地+公共事業+観光)ともかつて言われた沖縄経済の構造。経済規模(2010年度)は、全国比では県内総生産が35位、県民所得が36位。一人当たりの県民所得は200万円前後で推移し、47位の最下位となる。

沖縄経済の特徴を簡潔にいうと、製造業が劣化して建設業が多く、サービス業の比率が極めて高いことにある。14年度でみると、県内総生産(名目)は4兆511億円。産業別の構成比は、第1次産業(農林水産業など)が1・5%、第2次産業(製造・建設業など)が13・9%で、第3次産業(情報通信、運輸、小売り、サービス業など）は84・5％を占める。細る製造業は復帰時の10・9％から4・0％に落ち込んだ。建設業が多いのは沖縄振興関係の公共工事が多いためだ。

勢いが良いのは、やはり観光関連業だ。観光収入は16年度で6600億円（入域観光客は877万人）に増加。県内総生産に占める割合も大きくなり、10年度でみても10・9％にのぼる。ホテル建設計画も次々とある。

クルーズ船の寄港回数（那覇、石垣、平良など）の伸びも著しい。10年に102回だったのが15年に219回、17年は515回に激増。船も4千人を乗せる16万トン級も寄港するようになっている。また、14年の那覇空港の国際貨物取扱量は、全日空（ANA）が日本とアジアを結ぶ拠点「沖縄貨物ハブ」にする前年の08年比で約100倍に急増し、成田空港、関西空港、羽田空港に次ぐ国内4位となった。

県は、17年が折り返し点となる沖縄21世紀ビジョン基本計画の「実感できる成果が現れはじめた」（ホームページ）と説明している。

●自立・自律への道―観光産業に明るさ

沖縄の観光開発は1975年の沖縄海洋博覧会を契機に始まった。沖縄を海洋型リゾート地として日本全国に印象付けた。80年代、本土の大手資本を主にした本格的なリゾートホテル建設が進み、入域観光客が右肩上がりで増加していく。

観光客は79年に180万人だったのが、91年から300万人台に。21世紀に入ると、やや頭打ちの傾向をみせたが、2012年からは再び急拡大し、15年に700万人を超えた。17年度に958万人と初の900万人台に達し、5年連続で過去最高を記録した。

17年暦年では939万人で、米ハワイの938万人を抜く好調ぶりだ。とくに外国人観光客（台湾、韓国、中国）が全体の伸びを押し上げ、12年度から全国平均を上回る急カーブを描く。一方で、はびこる本土の大手資本は、もうけを本土に流出させる「ザル経済」化を促進させた。

観光収入は1970年代に基地関連収入（軍関係受取）を上回り、その後は急速に差を広げた。沖縄県が本格的な観光開発構想、「沖縄トロピカル・リゾート構想」を策定したのは91年。開発の基本方向は、環太平洋の国際的水準のリゾート地の形成、リゾート関連中小企業の育成、環境保全に注力の三つだった。基盤整備はこうして、弊害も伴いながら進んだ。

自立経済への道を歩むうえで、観光・リゾート産業の優位性は揺るがない。第3次産業に偏った不均衡な産業構造からは内発的産業が育たなかったからだ。沖縄の優れた立地特性は、亜熱帯性気候が持つ豊かな風土、風土が育んだ長寿県のイメージ、アジアの表玄関としての地理的条件などがあり、観光・リゾート産業を軸にした振興のほかの道は限られる。

観光産業のすそ野は広い。航空運輸、海・陸運、旅行代理店、宿泊業、飲食店、商業、娯楽・芸能など多岐にわたる。沖縄の観光産業は、第1次・第2次・第3次産業との複合的な連関を形成、「このような観光産業連関のメカニズムを効率的に組み合わせることによって、沖縄経済の波及効果を大きくすることができる」と百瀬恵夫は詳しく例示している[7]。

また、屋嘉宗彦は観光・リゾート産業と、質の高い伝統産業や歴史文化、豊かな自然・景観（自然と都市）とを複合させた「長くいても飽きのこない観光」をどうやって創り出すかと問題提起する[8]。

沖縄県は2018年5月、22年度からの新沖縄発展戦略（第6次振興計画）の中間報告を発表した。沖縄がアジアのビジネスのジャンプ台として日本経済の発展に貢献するとの構想を描き、那覇空港の世界水準の拠点空港化や国際的なクルーズ拠点の形成、IT産業の集積と発展など9項目を課題とする。アジア各地からの観光客も増大しており、真の自立への道を進みたい。

地域経済自立の展望へ「内発的発展」を重視するのは、琉球独立論を展開する松島泰勝。地域の歴史や文化に誇りを持ち、自然と調和しながら、主体的に地域循環型の経済自立を進めることを指す。「44年間の振興開発は、このような経済自立の考え方とは全く逆の方法で進められたために、失敗に終わったのである」

松島は伊江島の反戦地主・平和運動家、阿波根昌鴻《あはごんしょうこう》（1901～2002年）の生き方に触れる。阿波根は「土地に代わる宝はない。土地は永遠に命を生み続ける偉大で高貴な力を持つ」と強制接収にたいする反対運動の先頭に立った。代々受け継がれてきた土地は農業によって生きる糧を生み出し、祖先の記憶とつながる。島の共同体にとっては、歴史文化を育み、信仰・儀礼生活の場所だからである。土地を失えば、これら全てが断ち切られる。

だが、米軍に莫大な土地を奪われ、基地周辺に集住せざるを得なくなった住民には歴史的、精神的な根っこが失われた。「ゆいまーる」の地域をどう再生していくか課題は大きい。

【注】

（1）松島泰勝『琉球独立への経済学』（法律文化社、2016年）

（2）島袋純『「沖縄振興体制」を問う』（同、14年）

（3）沖縄国際大学公開講座委員会編集『沖縄を取り巻く経済状況』所収の宮城和宏「沖縄経済論」（15年）

（4）宮里政玄・新崎盛暉・我部政明編著『沖縄「自立」への道を求めて』所収の前泊博盛「基地依存の実態と脱却の可能性」（高文研、09年）

（5）松島・前掲書

（6）前掲書『沖縄を取り巻く経済状況』所収の前泊博盛「沖縄の基地経済～課題と展望」

（7）富川盛武・百瀬恵夫『沖縄経済・産業 自立化への道』（白桃書房、1999年）所収の百瀬「沖縄の産業振興」

（8）屋嘉宗彦『沖縄自立の経済学』（七つ森書館、16年）

17、「オール沖縄」の形成と変容

～知事選をめぐって

「イデオロギーよりアイデンティティー」「誇りある豊かさを」――。２０１４年11月の沖縄県知事選で、翁長雄志はこう訴えて「オール沖縄」の民意を結集、現職の仲井真弘多に10万票の大差をつけて当選した。米軍普天間飛行場の移設先、辺野古新基地建設に反対し、「沖縄は新たな基地を認めたことはない」と強固な意志を示した。米軍基地、そして日本政府に翻弄され続けてきた沖縄の民意は「誇り」を選択。沖縄の政治に地殻変動を起こしたのだった。

翁長は元々保守そのものの政治家で、自民党沖縄県連幹事長も務めた人物だ。那覇市長時代の10年の知事選では、当の仲井真の選対本部長を務めた。何が翁長を突き動かしたのか。「オール沖縄」の形成過程と氏の内的変化は同じような軌跡をたどっていた。

●出発点は教科書検定問題

２００６年９月に成立した第１次安倍晋三内閣は重要課題と掲げた教育基本法改正、防衛庁の省昇格などを次々と実現していく。特に教育問題では「教育再生会議」を立ち上げ、教育再生関連三法案を07年6月に成立させた。こうした中で起きたのが沖縄戦での集団自決をめぐる歴史教科書問題である。

07年3月、08年度から使用の高校歴史教科書検定で、集団自決について記述した5社・7点の教科書が削除・修正を求められたことが公表された。文部科学省は「日本軍の命令があったかは明らかではない」などの理由を挙げたが、沖縄戦研究者や平和団体などから直ちに抗議声明が出された。沖縄では同5〜6月、県内全41市町村の議会が、それぞれの戦争体験にも触れながら検定意見撤回を求める意見書を可決した。県議会は2度それを繰り返した。

9月には、「教科書検定意見撤回を求める県民大会」が宜野湾市で開かれ、宮古・八重山会場と合わせて11万6千人(主催者発表)が結集した。沖縄でも前例のない予想外の大群衆。過酷な沖縄戦の認識には世代を超えた共有、県民が培ってきたアイデンティティーの根幹があった。

大会実行委員会は22の超党派的団体で構成、委員長には自民党の仲里利信県議会議長が就き、仲井真知事も参加した。「島ぐるみ」の県民大会は、沖縄の歴史上はじめて「対米軍」ではなく、「対日本政府」に対して行われた。「オール沖縄」形成の前史と位置づけられる。

09年9月の民主党政権への政権交代で鳩山由紀夫首相が、普天間飛行場移設を「最低でも県外」と主張。県民世論は「国外・県外移設」支持に大きく傾く。10年1月の名護市長選は辺野古移設容認の現職を破って4野党推薦の稲嶺進が当選を果たした。

翌2月、県議会が全会一致で「普天間閉鎖と国外・県外移設」を求める意見書を可決してその流れをつくる。続く4月、9万人が参加した超党派の県民大会では、当時那覇市長の翁長雄志のほか、県議会議長、県婦連会長、連合沖縄会長の４人が実行委共同代表となった。この頃から「島ぐるみ」に代わり、「オール沖縄」の呼称が使われ始めたとされる。

迎えた10年11月の知事選は仲井真弘多と伊波洋一との保革一騎打ちに。仲井真の勝利の要因はそれまでの方針を転換し、普天間の県外移設を公約したからであった。それを強く促したのは選対本部長の翁長那覇市長。「オール沖縄」の旗手として影響力を増しつつあった。

やはり超党派で開かれた12年9月のオスプレイ配備反対の県民大会（9万5千人参加）。翁長はここでも、５人の実行委共同代表に名を連ねた。経済団体トップも加わって厚みが増し、「オール沖縄」の言葉が頻繁に登場するようになる。

●民意「高揚期」の2014年

14年は各種選挙が集中し、「オール沖縄」の民意が高揚した時期に当たる。

1月の名護市長選。前年12月、仲井真知事は安倍政権から沖縄振興予算の増額を示され、辺野古埋め立て承認に転換した「裏切り」に対する県民の意思が試された。沖縄資本の大手ホテル業「かりゆし」グループのCEO（最高経営責任者）が「観光業は平和産業」だとして、辺野古新基地建設に反対する現職の稲嶺進支持を鮮明にした。結果、稲嶺は大差で再選。

同市長選では、元県会議長の仲里利信が辺野古容認に傾いた自民衆院議員の後援会長を辞し、稲嶺を応援。自車にスピーカーを積み込み、本島南部の自宅から北部の名護市に連日駆けつけた。仲里は12月、衆院選に自ら出馬（無所属、当選）することになる。

沖縄の政治の焦点は11月予定の知事選に向けられてきた。2月、那覇市議会の翁長市政与党「自民党新風会」系市議や革新系県議などが、経済人や言論人、市民運動家など幅広い層を巻き込んだ「沖縄『建白書』を実現し未来を拓く島ぐるみ会議」結成へ動き始めた。「建白書」は13年1月、オスプレイ配備強行撤回を求める県内全首長らからなる対政府要請行動で提出、沖縄「オール」の意思を示した。事実上無視された屈辱を皆が味わったはずだ。この屈辱が、その後の結集軸となった。先頭で率いたのはやはり翁長である。

知事選の候補者擁立をめぐって、まず具体的な動きを見せたのは県政野党の5党派（社民党、共産党、社大党、県民ネット、生活の党）。5月の選考委員会で最有力候補として翁長那覇市長の名が挙がった。保守のリーダー翁長は本来、宿敵だ。

仲井真知事の変節を批判していた自民党新風会系那覇市議らは6月、翁長に出馬を要請する。この行動に対し自民県連は新風会メンバーを除名などの処分にした。保革が相乗りして翁長を推したのは、「新基地ノー」で完全に一致したからだ。

8月、仲井真知事が3選をめざして出馬を表明。これに対抗するように、翁長への出馬要請が続く。県政野党5党派の候補者選考委、経済界の有志（共同代表は県内トップ企業群を率いる二人）……。これを受け翁長は9月、正式に出馬表明する。

翁長自身はこの間の県民意識について、仲井真知事が辺野古に関してカネと引き換えに公約を反故にした悔しさと憤りから、普天間飛行場の辺野古移設反対が大きなうねりになったと指摘。「ぜひ知事になって、この屈辱をしっかり将来につなげてほしい」と多くの県民に背中を押され、保革両陣営の支援を追い風に選挙戦を戦ったと、自著『闘う民意』（角川書店、２０１５年）で述べる。当時、政府と仲井真の言動をいち早く批判したのが翁長だった。

翁長は半面、「長年連れ添った自民党から離れ、仲井真さんに立ち向かうかたちで出馬することには、やはり忸怩《じくじ》たる思い」があった。思いが乱れ、胸が揺さぶられ、革新陣営と行動を共にすることに、「戸惑いがありました」と心情を吐露する。

●圧勝、そして苦難の道

迎えた11月16日の知事選。計４人が出馬したが、事実上、現職仲井真と翁長の一騎打ちだった。最大の争点はいうまでもなく普天間飛行場移設問題。仲井真は辺野古への移設による普天間の「5年以内の運用停止」を、翁長はあらゆる手法を使っての新基地阻止を打ち出した。翁長はさらに、米軍基地は沖縄経済発展の「最大の阻害要因」とその後も繰り返す主張を掲げた。

県内の経済団体や市町村長の多くが現職支持に回った。翁長は「沖縄のアイデンティティー」「誇り」を強く訴えかけ、結果は翁長の圧勝。ただ、宮古・八重山諸島、本島北部、周辺離島では仲井真の票が勝っていた。

12月14日に行われた衆院選。小選挙区全てで「オール沖縄」候補が勝利して、「辺野古ノー」の民意が一層明確に示された。1区は共産、2区は社民、3区は生活、4区は無所属の当選だった。16年7月の参院選沖縄選挙区でも伊波洋一が現職を破り、県内の衆参計6議席をオール沖縄が独占する勢いをみせた。

翁長知事は12月25日、上京したものの安倍首相と菅官房長官は面会を拒否。翁長と沖縄に、苦難の道が待ち構えていた。安倍政権は「まつろわぬ」翁長知事に殊更に強硬姿勢をみせてきた。辺野古埋め立てをめぐる訴訟合戦を繰り広げ、県民の圧倒的民意を無視して工事を強行した。

「屈辱を味わって生きてきた先祖たちの苦難に比べれば、私たちの苦労などはたいしたことではありません」(自著「おわりに」)と翁長は言う。「残りの人生、子どものころから思いを重ねてきた『沖縄県民の心を一つにする政治』を力の限り実現したい」。「オール沖縄」意識は子ども時代からあったのだろうか。

現在67歳の翁長は保守の政治家一家に育った。父は琉球政府立法院議員や真和志(現・那覇市)市長、兄は沖縄県副知事をしている。立法院で62年2月、植民地的支配からの自治権獲得を訴えた「2・1決議」を父が主導している。自身は那覇市議2期、県議2期を経て、2000年に那覇市長になり以降4期務めた。

小学6年生時代のエピソードがある。父が選挙に負け、母に突然抱きしめられ「お前だけは政治家になるんじゃないよ」と絞り出すように言われた。父と兄の選挙で苦労を重ねていたからだ。だが翁長はその時、逆に「自分は絶対政治家になる」と心に決めた。父から受け継いだ政治家の血が流れているのを感じたのだという。

15年5月17日。那覇市の沖縄セルラースタジアム那覇で「止めよう辺野古新基地建設！ 沖縄県民大会」が開かれ、真夏のような炎天下、3万5千の人で会場は埋まった。辺野古への普天間移設が「唯一の解決策」と繰り返す政府に対し、翁長知事はあいさつの最後を島言葉でこう締めくくった。「うちなーんちゅ、うしぇーてぇーないびらんどー」（沖縄の人をないがしろにしてはいけませんよ）。一斉に立ち上がった参加者からの大きな拍手が怒涛のように湧き上がるのを、会場にいた筆者は聞いた。

●不協和音と県政運営の苦衷

知事選後、オール沖縄勢力は各種選挙で選挙協力・候補者調整を行った。15年12月、辺野古移設反対で一致する団体が結集した「辺野古新基地を造らせないオール沖縄会議」（共同代表3人、後に4人）が発足。翁長県政与党党派や首長も参加する態勢を整えた。

だが沖縄の民意を全く顧みず、辺野古埋め立ての既成事実作りを急ぐ安倍政権。翁長知事の対抗策は限られてきた。苦衷からか、顔の皺が深くなり痩せたように見えていく。

18年春、「オール」にほころびが生じた。沖縄県内でスーパーを展開する「金秀《かねひで》グループ」の呉屋《ごや》守将《もりまさ》会長がオール沖縄会議の共同代表を辞任、続いてもう一つの大手企業「かりゆしグループ」も脱会を表明した。いずれも、保守勢力の代表格。新基地建設の賛否を問う県民投票実施を掲げていたが、実施に否定的な事務局への反発を背景に、革新政党色が強まる組織運営に対する不満も大きかった。結果、同会議の革新色が強まった。

呉屋氏は前回知事選で翁長氏を応援したことについて、ウチナーンチュのアイデンティティーの確認が原点にあったと説明。「その原点を捨ててしまえば、どんなに経済発展といっても奴隷と同じ。カネの奴隷にはならない、なりたくない」「辺野古をストップさせることは日本の民主主義、平和を守ることでもある」と述べている（『週刊金曜日』15年5月15日号）。

ただ、両グループは翁長氏再選をめざすことには変わりないとし、保守中道系議員や企業の受け皿となる「翁長雄志を支える政治経済懇話会」（5月発足）には参加している。

県民投票をめぐっては、4月に市民グループ「『辺野古』県民投票の会」が発足、署名活動を進めた。県民投票に対し県政与党党派内でも意見が割れていたが、5月になって社民党県連が署名活動に協力する方針を決定。その後、ほかの3党・会派からも、秋の知事選を控え、「これ以上亀裂を入れてはいけない」と同調する動きとなった。翁長知事も賛意を示した。

地方自治法では、署名期間を開始から2カ月とし、県議会に提案するためには有権者の50分の1の署名が必要と定めている。署名審査、県民投票の条例案の県議会可決を経て6カ月以内の投票実施となる。結果、法定数（2万3千筆）を大きく上回る10万筆超の署名が集まった。

県民投票は辺野古新基地に対する民意を明確にするのと、翁長知事が必ず踏み切るとしてきた「埋め立て承認撤回」への根拠となるという狙いがある。しかし、結果が出るまで時間がかかることから、市民の間には「その間に土砂がどんどん投入されていく」と反対も根強かった。県民投票を待たずに一刻も早く撤回をすべきとの訴えだ。

「撤回」の要件として県が検討したのは3分野。サンゴ移植やジュゴンの環境保全措置の不十分さ▽埋め立て予定地海底で明らかになった超軟弱地盤などに対応する設計変更の未申請▽埋め立て承認の際留意された事前協議事項への違反―などである。

●首長選で痛手・健康不安

「オール沖縄」は18年に入り、翁長知事が推した首長選で相次いで痛手を被った。2月、肝心の辺野古の地元、名護市長選では現職の稲嶺が新顔の元市議に予想外の差を付けられた。安倍政権は国政選挙を上回る態勢で新顔を全面支援、公明・創価学会もフル回転した。

続く石垣市長選（3月）、沖縄市長選（4月）とも政権が強く肩入れした現職が勝利。「オール沖縄」が占める勢力は県内11市のうち2市のみとなった。反翁長勢力は自民・公明を中心とした「勝利の方程式」を知事選でも持ち込むと意気上がり、「県政奪還」に全力を挙げた。

そこへ、翁長知事自身の健康面の問題が出て来た。18年4月、膵がんの手術を受け、5月15日に退院した。約3センチ大の腫瘍を切除、進行度合いはステージ2だったという。この日の会見では、11月の知事選出馬については明らかにせず、「体力の回復はまだだが、公務をしっかりこなしていくことが一番の眼目だ。その中で県民の負託に応えていきたい」と述べるにとどめた。

翁長知事は療養を続けながらの公務。健康面の不安視はなかなか消えなかった。翁長県政与党は再選を前提に知事選への態勢を整える構えをみせた。その態勢にも全体を束ねる司令塔不在の問題点が指摘されてきた。

1968年の主席公選以来、沖縄の知事選で常に問われてきたのは、「基地問題か経済振興か」という二者択一だった。県民の判断も揺れてきた。

前回知事選で翁長が打ち出した特徴は、基地問題に関し「アイデンティティー」「誇り」を前面にした、保革を超えた「オール」の体制。代表的な県内企業が「県民と苦楽を共にする」と支持に回ったことだった。地殻変動のような、その民意は本土の政治勢力や市民には輝いて見えた。

翁長知事は7月下旬、辺野古の埋め立て承認を撤回すると表明。海面への土砂投入が迫るなか、建設阻止へ残された「カード」を切った。理由として、国側が海底の超軟弱地盤に対する設計変更や環境保全措置の協議をしないまま工事を強行する不当性を挙げた。翁長氏は「傍若無人の工事状況」と政府の強硬姿勢に不信感を露わにした。日本国民に対しても「沖縄に造るのが当たり前だというようなものがあるのではないか」と他人事《ひとごと》視を指摘した。

ところが、翁長知事は8月8日、膵がんのため急逝した。国を相手に強固な意志を貫き通し、文字通り命を削った3年余、無念の死となった。直後に開かれ、知事も出席の予定だった辺野古新基地断念を求める県民大会には約7万人が集結して追悼。参加者は「知事の意志を継ごう」と誓い合った。

今後、国との法廷闘争になるのは必至。オール沖縄勢力は正念場に立たされた。

【主な参考文献】

新崎盛暉『日本にとって沖縄とは何か』(岩波新書、16年)
櫻澤誠『沖縄現代史』(中公新書、15年)

コラム【米軍基地撤去・縮小は？】

海外では住民運動で実現

沖縄をはじめとする在日駐留米軍基地の撤去・縮小の道はないのだろうか。沖縄ではオスプレイや戦闘機、ヘリの墜落・不時着事故が相次ぎ、県民と自治体議会からはもうたまらないと「全基地撤去」の声が上がる。海外ではどうなのか。

海外駐留米軍軍人数は冷戦終結の1990年時点で60万人余（基地数は約790）だったが、20年後の2010年末には約29万人と半減。独は22万から5万、韓国は4万1千から2万4千に。日本は4万6千から3万5千で減り方は少ない。

米基地数を地域別に見ると、太平洋地域は冷戦初期の50年代に比べ、80年代には半数以下に減少。インドでは米基地はなくなった。韓国では民主化の進展で91年、ソウルにあるヨンサン基地の閉鎖に合意。基地反対運動の高まりで梅香里《メヒャンニ》米空軍射爆場が05年閉鎖された。米領プエルトリコでも03年、基地反対運動で射爆場が撤退。住民運動は米政府を動かすことを実証している。

米基地の全面撤去が実現したのはフィリピン。マルコス独裁政権が1986年に倒れてアキノ政権が生まれたなか、米国との基地協定が25年の期限切れを迎えた。協定の延長が国会で審議されたが、上院は91年9月、協定案を否決。結果、いずれも極東有数の規模だったクラーク空軍基地やスービック海軍基地が撤去された。14年、再駐留を協定。87年に制定された新憲法では、基地は植民地主義の象徴だとして外国軍常駐を禁じたが、本協定では「常駐」ではないとした。

住宅密集地の真ん中にある米海兵隊・普天間飛行場は危険このうえない基地。直ちに撤去を求めるのが普通の政府だろう。だが、日本で基地縮小がなされない最大の障害は、逆に引き留めを図る日本政府そのものにある。

結びにかえて――平和憲法の危機と沖縄

日本国憲法が施行されてから70年、沖縄に適用されて45年が過ぎた。戦争放棄をうたう9条を軸にした「平和憲法」。しかし、憲法案を国会審議する憲法制定議会に沖縄からは加われず、米軍統治下では憲法は適用されなかった。平和憲法は日本復帰への希望の旗印だったが、「平和な島」への沖縄県民の希望は打ち砕かれたままだ。そこへ安倍首相による9条改憲の動き。沖縄が再び戦場・標的となる危険性を孕む平和憲法の危機だ。

憲法の基本原理は、国民主権、基本的人権、平和主義。沖縄ではしかし、9条と矛盾する米軍と自衛隊基地が県土を覆い、戦闘機事故や激しい基地騒音、米兵犯罪に脅える日常を強いられ、三つの基本原理との乖離はなお問われ続ける。

●沖縄「無視」で9条ができた

各紙誌で憲法施行70年特集が組まれた2017年、島袋純・琉球大教授は「日本国憲法の欺瞞と沖縄」と題し、こう指摘した。「沖縄の基地は存在そのものが人権侵害であり、日常的に人権を侵害している」(『都市問題』17年5月号)。国際法上も、安全保障や軍事的目的を根拠にした基本的権利の侵害が正当化されることはないと続ける。
島袋は「これは、沖縄の人々には人権がない、あるいは人権は制限されて仕方がない、主権者ではないという基本認識に裏付けられた仕組みである」と論じる。
そうした欺瞞性は憲法成立過程からくっきりと浮かび上がる。
第1に《沖縄に米軍基地が存在することで憲法9条成立が可能になった》
マッカーサーは日本国憲法施行間もなくの1947年6月、日本を訪れたアメリカ人記者団に対し、「米国が沖縄を保有することにつき日本人に反対があるとは思えない。なぜなら沖縄人は日本人ではなく、また日本は戦争を放棄したからである」と発言。憲法9条によって、日本本土は非武装でも沖縄の要塞化で防衛は可能との見解を示した。
第2に《天皇制の存続と9条は一体になっていた》
マッカーサーは日本の円滑な統治には昭和天皇の存在が必要と考えていた。ところが、連合国内（ソ連や豪州）からは天皇の戦争責任追及の動きが露わとなり、GHQ主導の新憲法草案作成を急ぎ、戦争放棄条項を軸にした「平和憲法」の制定を内外にアピール。それと引き換えに天皇の「戦犯」化を回避しようとした。9条、天皇制、沖縄の駐留米軍は三位一体の形となった。
第3に《沖縄は新憲法の審議から「排除」され、日本から「分離」された》
GHQはポツダム宣言にのっとって日本の民主化を進め、45年12月、帝国議会で衆議院選挙法を改正、同時に旧植民地出身者（台湾人、朝鮮人）と沖縄県民の選挙権が停止された。こうした「排除」に対し、帝国議会で質問に立ったのは沖縄選出議員の漢那憲和《かんなけんわ》（日本進歩党、元海軍少将）ただ一人。漢那は沖縄県民が沖縄戦で如何に犠牲をはらい忠誠を尽くしたかを力説し、「見ように依っては沖縄県に対する主権の抛棄《ほうき》とも相成る」と憂慮を表明したが、内務大臣は沖縄の訴えを事実上無視した。

政府は46年3月、新憲法を「憲法改正草案要綱」として閣議決定。4月、新しい法律の下で衆院総選挙が行われ、国会審議のうえ10月に帝国議会を通過した。沖縄の代表は審議に全く参画できない中での成立だった。

そして、沖縄は「分離」された。51年9月、サンフランシスコ講和条約の第3条で沖縄を日本から分離して米国の施政権下に置くことが承認された。

●平和憲法の「外」で要塞化された

統合参謀本部を中心とする米軍部は、日本の降伏以前から、戦後の太平洋地域の安全保障確保のためには、沖縄・小笠原をアメリカの軍事基地化する必要性があるとの見解を持っていた。マッカーサーは49年7月4日の米独立記念日に際し、「日本は共産主義進出の防壁」という声明を出す。主要な「防壁」は沖縄の要塞化である。沖縄を長期保有する方針を米国家安全保障会議が決定したのは49年5月だ。

地上戦の惨禍を命からがら生き延びた住民らが、暮らしの再建に四苦八苦していた時期。米国による沖縄の分断支配の方針が対日講和7原則で明らかになった。民主国家に生まれ変わったはずの日本は、沖縄を米軍占領下に置いたまま独立しようとしていた。

対日講和条約が発効し日本が独立したのは52年4月28日。日本にとっての「主権回復の日」を、沖縄は軍政下に取り残されて迎えた。過重な基地負担など沖縄差別の源流ともなったこの日を、沖縄では「屈辱の日」と呼ぶ。

改めて、憲法前文を冒頭から見る。「日本国民は、正当に選挙された国会における代表者を通じて行動し、われらとわれらの子孫のために、(中略) ここに主権が国民に存することを宣言し、この憲法を確定する」。だが憲法施行時、「われら」の中には琉球/沖縄人は入っておらず、国会への代表者もいなかったことを今さらながら認識する。

●憲法の理念、実現なお遠く

日本国憲法制定から切り離された沖縄の住民には、制定の事実すら伝えられなかった。2017年6月に92歳で死去した大田昌秀・元県知事がこう回想している。「たしか四七年の夏ごろだったと思うが、本土から密航船で新憲法の写しがもたらされた。……生き残った師友は争って一字一句それをノートに写し取っていた。わたしも、借用してノートした。それには、わたしたちに再生の手がかりを与える文言が満ちていた。人間らしく生きるのに核となる理念がいくつもあった」(『拒絶する沖縄』近代文芸社、1996年)。

大田は中等学校生徒による鉄血勤皇師範隊に所属、摩文仁の海岸で文字通り九死に一生を得た。

収容所を出て、軍事基地化された殺伐とした環境で最低限の生活を送っていた身には、新憲法がまぶしく映り、生きる力ともなったという。

「平和憲法のもとへ帰ろう」。基本的人権の保障を願望していた県民には、この言葉が祖国復帰への大衆的スローガンとなった。大田は「それが日本本土の憲法だからというのではなく、人類に普遍性をもちうる憲法だからである」、「占領者の法令のほか、自らの依拠すべき法典を持ち合わせない沖縄県民にとって、このいわば幻の新憲法の理念が果たしてきた役割は、多大である」(前掲書)と書いている。

1969年1月1日付『沖縄タイムス』は「沖縄のこころと平和」と題し、憲法が実在している日本本土よりも、憲法不在の沖縄にかえって平和憲法のイメージが定着していることに触れた。「復帰運動の過程で、平和が強く叫ばれ、人権が主張されているのは、史上無類の苛烈をきわめた沖縄戦の体験、そして引き続く二十余年間の軍事占領の生活といったきびしい現実の積み重ねが、真の平和とは何か、いったい人権とは何かということを徹底的に教えてくれたからだ」

だが日本復帰の72年5月、「本土並み返還」は全くの幻想だったことが明らかとなる。米軍基地は固定・強化され、日米安保条約と地位協定がそれを保障した。膨らんだ「平和憲法のもとへ」の期待はやがて、しぼんでいく。

日本国憲法がうたう平和的生存権が侵されている基地の島の現実。憲法の理念との乖離はいまだ際立つ。

あとがき

筆者が沖縄問題に関心を深めたのは、定年後「シニア記者」もリタイヤ後の2014年ごろからだ。松島泰勝著『琉球独立論』を手にしたのを機に独立論について調べ、原稿化して友人ら数人の集まりで話したのがスタートとなった。松島氏の紹介を得て沖縄のブックレット『月刊琉球』に15年夏から、隔月あるいは毎月寄稿するようになった。

研究者は自分の研究範囲に閉じこもりがちだが、新聞記者はどんな問題でも関心を持ち、取り組む必要がある。その記者経験を糧に当面する様々なテーマに向かい合って勉強し、原稿化。駆け足の論考は18年春で20本ほどになった。それを元に大幅に改稿、書下ろしして単行本化の機会を得たのが本書である。

今回出版に至ったのは、『月刊琉球』という媒体があったからで、発行する（株）Ryukyu企画（那覇市）の本村紀夫代表には深謝申し上げる。

かもがわ出版では、前著でお世話になった松竹伸幸編集長から出版の応諾をいただき、前編集長・三井隆典会長に編集上の適切な助言をいただいた。併せて、御礼申し上げたい。

土岐直彦（とき・なおひこ）

1946年、鹿児島県生まれ。元朝日新聞記者。その後はジャーナリストとして、沖縄のブックレット『月刊琉球』に沖縄独立論や基地問題などについて寄稿、『週刊金曜日』にも折に触れて出稿する。京都市に在住。「戦争法」廃案の運動、沖縄と連帯する市民運動に関わる。

著書に『若狭の聖水が奈良に湧く―「お水取り」「お水送り」の謎』（かもがわ出版、2017年）

闘う沖縄 本土の責任―多角的論点丸わかり

2018年9月10日　第1刷発行

著　者　
発行者　竹村正治
発行所　株式会社かもがわ出版
〒602-8119　京都市上京区堀川通出水西入
TEL075-432-2868　FAX075-432-2869
振替 01010-5-12436
ホームページ http://www.kamogawa.co.jp
製　作　新日本プロセス株式会社
印刷所　シナノ書籍印刷株式会社

ISBN978-4-7803-0980-5　C0031